烘焙新手必备的
甜品制作教科书

日本食之创作室 编

陈亚敏 柳 珂 译

河南科学技术出版社
·郑州·

CONTENTS 目 录

Part 1

做人气美味甜品
学基本烘焙技巧

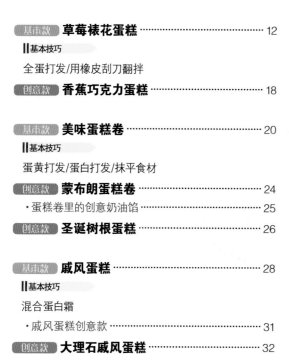

创意

Part 2

一定要学会的
多款经典糕饼

创意 ↗

Part 3

能让你成为甜品达人的
果料派

创意

Part 4

可当礼物赠送的
巧克力甜品

Part 5
不用烤箱即可制作的
冰凉甜品系列

创意

Part 6
制作甜品的
基本工具和食材

准备工作

只要掌握了以下几个方面，
烘焙甜品将更加顺利。

1. 确认烘焙方法

烘焙甜品步骤很多，开始后没有时间边看边做，最好提前了然于心。事先把握每道工序的目的和操作程序，才能一气呵成。在脑海里想象一下各制作工序，来练习一下吧。

熟记大致流程 ···⟩ 制作各食材→参照烘烤流程。

确认准备工作的完成状态 ···⟩ 尤其是一些费时的准备工作。

确认制作时间 ···⟩ 包括烘烤和冷却的时间。

2. 备好所用工具

烘焙甜品，工具必不可少。
请准备以下烘焙基本工具。

以草莓裱花蛋糕为例，所使用工具如下：

❶ 不锈钢搅拌盆2个
❷ 直径18cm的圆形模具
❸ 烘焙纸
❹ 面粉筛
❺ 裱花袋
❻ 裱花嘴
❼ 手动打蛋器
❽ 电动打蛋器
❾ 方形烤盘
❿ 刷子
⓫ 竹签
⓬ 橡皮刮刀
⓭ 不锈钢抹刀

3. 食材称量

做甜品需按照食材严格称量配料。一般称量用食品秤，测量液体体积的用量杯，用量极少的粉类和液体可以用量匙测量。

同种食材也要分开测量

比如砂糖和黄油，甜品烘焙过程中都要多次用到，每次都要重新测量。

草莓裱花蛋糕所用食材：

鲜奶油　　　糖浆　　　海绵蛋糕坯

装饰用

食材要分门别类放好。

小知识! 必备烘焙常识

1. 使用无盐黄油

如果使用含盐黄油，甜品将变咸，味道不好。所以烘焙中一般使用无盐黄油，通过加入食盐来控制口味。

2. 鸡蛋和黄油须是常温的

常温下的鸡蛋和黄油比较容易打发，请事先把它们从冰箱里取出放至常温。

3. 面粉类需要过筛

面粉一旦含有湿气，就容易结成块。面粉过筛不但可以除去面粉内的小颗粒，而且可以让面粉更加膨松，有利于搅拌。如果食材里有可可粉、泡打粉、小苏打粉等其他粉类，和面粉一起混合过筛，有助于让它们混合得更均匀。

4. 烤箱需要预热

烤箱在使用时需要提前预热，也就是设定好温度，提前打开预热5min左右，使内部达到需要的烘烤温度。

基本工具

只要具备这些工具，就可以制作味美的甜品。

不锈钢搅拌盆

把鸡蛋打成鸡蛋液或搅拌食材时使用，请准备大、小各一个，直径分别为25cm和20cm。材质方面，不锈钢的最佳。

手动打蛋器

用于打发鸡蛋、奶油等，最好准备大、小各一个，尺寸以长度和打蛋盆直径相同为宜。

橡皮刮刀

扁平的软质刮刀，适用于搅拌食材。在制作戚风蛋糕，将蛋白糊和蛋黄糊混合在一起时，它是最有力的工具。而且在搅拌的同时，它可以把附着在盆壁的蛋糕糊刮得干干净净。

电动打蛋器

比手动打蛋器方便省力，最好前期使用电动打蛋器，后期使用手动打蛋器加工。

小锅

用于加热少量食材。

滤网

也叫万能滤网，量少时可以使用茶滤，也可以用网眼较小的笊篱代替。

冷却架

由于通气性极佳，冷却面包、蛋糕时使用。

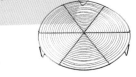

面粉筛

用来过筛面粉或者其他粉类食材。也可用网眼较小的笊篱代替。

刷子

刷蛋液、糖浆等时使用。

刮板

用于刮平奶油、切割蛋糕坯。

基本测量方法

做甜品需按照食材严格测量配料,请牢记正确的测量方法。

厨房电子秤

烘焙甜品时分量差之毫厘,口味将谬以千里,所以请使用精确到g(克)的厨房电子秤。

称量方法

首先将电子秤放在平整位置,把盛有食材的容器放在托盘上,按下"清零"键后即开始称量。

量杯

材质有玻璃和塑料两种,杯壁两侧都标有刻度标示。

测量方法

将量杯放在平整位置,慢慢注入食材,直至液面达到所需刻度。

量匙

大匙容量为15mL,小匙(或叫茶匙)为5mL。量取时如果是粉类,以满匙并刮去多余的冒尖部分为准。

匙柄

用于刮平量匙内的粉类食材,也可用筷子等笔直的器具代替。

测量方法

大匙 装满大匙,并刮去冒尖部分。

1/2大匙 用匙柄去掉大匙的一半。

液体类大匙 用勺子装满液体,以手部持平后的液体量为准。

本书使用说明

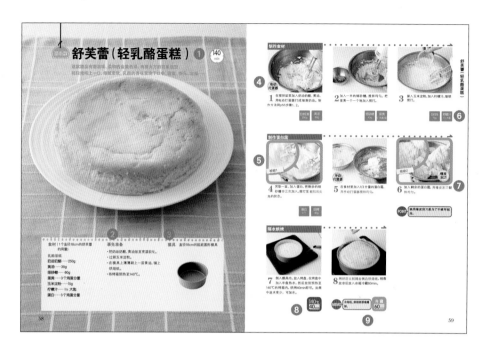

① 所需时间
不包含事先准备时间。

② 事先准备
进入正式烘焙之前的准备阶段。

③ 使用模具
将标明所用模具的种类、大小及容量。

④ 工具标示
开始搅拌时和更换时标明所用工具。

⑤ 检验标志
使用近景,更加清楚地展示和好后的面团。

⑥ 食材标志
标明所用食材及分量。

⑦ 制作流程中的红色字体
用于标示食材制作完成、烘焙完成的状态,并标明重要的搅拌方法。

⑧ 工具状态标示
标明烤箱的温度及时间或冷藏、冷却需要的时间。

⑨ 小贴士
烘焙过程中提醒你需要注意的地方。

MEMO 某些用语的解释说明。

POINT 需要注意的要点。

HELP 失败时的应对方法。

本书规则	○ 计量单位:1大匙=15mL,1小匙=5mL,1杯=200mL。
	○ 微波炉功率为600W。
	○ 由于烤箱机型多样,可根据烘焙时间和温度自行调节。
	○ 在室温19 ~ 22℃下进行操作。
	○ 如无特别说明,巧克力一律使用糕点专用的考维曲巧克力。
	○ 所用面粉为高筋粉或低筋粉。
	○ 添加蜂蜜的甜品,请不要让婴幼儿食用。

Part 1

做人气美味甜品

学基本烘焙技巧

接下来,我们边做广受好评的人气美味甜品,边学基本烘焙技巧吧。

只要认真专注、有耐心,你一定会成功的!

草莓裱花蛋糕

提到基本款蛋糕，你一定会想到这款草莓奶油蛋糕吧。制作海绵蛋糕坯时需要用到全蛋打发法。

基本技巧

全蛋打发

全蛋在40℃左右最易打发，因此可将打蛋盆隔着温水打发，直至蛋液变得稠密轻盈，提起打蛋器时滴落下来的蛋糊不会马上消失。

用橡皮刮刀翻拌

食指伸直放在橡皮刮刀刀身前段，紧贴搅拌盆用力压实搅拌。想让泡沫不迅速消失，需要用橡皮刮刀用力翻拌。橡皮刮刀在搅拌的同时，也可以把附着在盆壁的蛋糕糊刮得干干净净。

食材（1个直径18cm的草莓裱花蛋糕的用量）

海绵蛋糕坯

鸡蛋……3个

细砂糖……90g

低筋粉……90g

A ┌ 黄油……20g
  └ 牛奶……1大匙

枫糖浆

水……4大匙

细砂糖……30g

樱桃白兰地……2小匙

打发奶油

鲜奶油……350mL

细砂糖……2大匙

装饰用

草莓……21个

事先准备

· 取9个草莓分别切为0.7cm厚的片，其余备用。

· 过筛低筋粉。

· 将食材A放入耐热容器中，用微波炉加热10~20s。

· 烤箱预热至180℃。

· 给模具铺上烘焙纸。

把模具放在烘焙纸上，用铅笔沿着模具底边做记号，裁剪烘焙纸。

烘焙纸侧面要比模具高出1cm，如图所示翻折到模具外部，然后在上面薄薄涂上一层黄油。

模具　直径18cm的圆形模具

按底部是否可去掉分为活底和固底两种，皆可。

1 在搅拌盆里放入鸡蛋和细砂糖,把盆放在80℃左右的热水中,用电动打蛋器高速打发。

电动打蛋器

| 鸡蛋 3个 | 细砂糖 90g |

2 当液体温度降至人体温度时,把盆拿开。

MEMO 人体温度指37℃左右,这个温度下鸡蛋较容易打发。

3 搅打至整体发白,提起搅拌头在蛋糊上画"8",搅拌至"8"在蛋糊上暂时不消失为佳。

检验1

4 电动打蛋器转为低速,继续打发,直至混合物成为细滑的霜状。

POINT 处理好泡沫的大小后,海绵蛋糕坯均匀地膨胀起来。

橡皮刮刀

5 筛入一半低筋粉。

低筋粉 45g

6 用橡皮刮刀从盆底部向上翻拌,同时用另一只手按图中箭头方向转动搅拌盆。

7 搅拌均匀后,筛入剩余低筋粉,按上述步骤继续翻拌。

低筋粉 45g

8 如图所示,将食材A通过橡皮刮刀徐徐加入盆里,搅拌均匀。

POINT 猛然加入液体泡沫会消失,所以要注意通过橡皮刮刀慢慢加入。

食材A 全部

检验2

9 继续搅拌,搅拌至橡皮刮刀在食材上画的"8"暂时不消失为佳。

倒入模具

10 把食材倒入模具。由于盆底的蛋糕糊气泡容易消失，要沿着盆壁倒入。

11 把模具左右来回转两三下，释放食材中的空气。

POINT 这步很重要，让多余的气泡释放出来，烤出的蛋糕才不会产生空洞。

烘焙

12 将模具放入180℃的烤箱中，烤30min。

180℃
30min

检验3

13 用竹签插入蛋糕坯，拔出时竹签上没有黏糊的时候即可。

用冷却架冷却

14 把蛋糕从模具中小心取出，揭下油纸，放在冷却架上冷却。

MEMO 冷却后的蛋糕才会有柔软的口感。

做装饰准备

15 将蛋糕横向从中间切为2等份。如图所示，在蛋糕中央插入6根牙签，以固定厚度。

16 制作枫糖浆。在小锅里加入水和细砂糖，煮至沸腾。

水	细砂糖
4大匙	30g

17 待糖溶化后关火冷却。完全放凉后加入樱桃白兰地。

樱桃白兰地
2小匙

手动打蛋器

18 在搅拌盆中加入鲜奶油和细砂糖，隔冰水打至七成发（请参照p17）。

鲜奶油	细砂糖
350mL	2大匙

19 在底部的那片蛋糕上均匀涂上枫糖浆。

20 然后涂上打发好的鲜奶油,用抹刀抹平。

21 如图所示摆上切成片的草莓。

草莓
9个

22 再涂上一层奶油,侧面也要涂上,以盖住蛋糕底为宜。

23 将另一半蛋糕颜色淡的一面朝下盖上。

24 整体涂上一层奶油。

 MEMO 用奶油涂满蛋糕表面叫作基础抹面。

25 手拿抹刀,用手转台,抹平奶油。

26 用剩余的鲜奶油裱花。

27 蛋糕外围也裱上花,把剩余的草莓放在蛋糕顶部裱花圈内。

 POINT 在蛋糕上方3cm处挤奶油成大圆形图案。

草莓
12个

16

鲜奶油的打发

这是做蛋糕至关重要的一步。
掌握了打发奶油和裱花的方法后,就可以自由发挥啦。

食材(易于制作的用量)

鲜奶油……200mL
细砂糖……20g

1 在比搅拌盆大的盆里装上冰水,然后把搅拌盆放上,倒入鲜奶油和细砂糖。

2 稍微倾斜一下搅拌盆,用手动打蛋器向同一个方向快速搅打。

软 ←————————————————————————→ 硬

六成发 出现细小的泡沫,用打蛋器挂起小部分鲜奶油时,会有尖尖的鲜奶油挂在打蛋器上,此时即是六成发。

七成发 继续搅打,打蛋器上挂着的奶油呈线状滴落的状态即为七成发。

八成发 此时的奶油变得浓稠,尖头的奶油可以立住,但马上会滴落。

九成发 九成发时的鲜奶油会越来越浓稠,体积也越来越大,直至最后完全成为固体状态。如果用橡皮刮刀来刮取鲜奶油,它完全不会流动;向奶油中插入一根筷子,筷子能够直立不偏斜的状态,即为九成发。

裱花

裱花袋

星形裱花嘴　圆形裱花嘴

变换裱花嘴,就可以做出不同的造型。一般只要有星形和圆形两种就足够了。

装奶油的方法

如图所示,把裱花袋罩在玻璃杯上,用刮刀把奶油刮到裱花袋内,然后把裱花袋提起,扎紧。

裱花基本手法

右手的拇指和食指握紧裱花袋尾部,用虎口紧紧夹住裱花袋的扭转处。另一只手轻握裱花嘴处,胳膊带动手裱花。

多样裱花

星形　　圆形

① 裱花袋垂直于蛋糕,挤奶油时往下压再上提。

② 运用手腕的力量,从圆心往外顺时针方向转动裱花袋,挤出造型。

③ 先轻压,再往自己的方向轻轻收一下。

④ 基本方法同③,注意左右花朵稍稍斜一下即可。

香蕉巧克力蛋糕

120 min

这款醇香馥郁的巧克力蛋糕上点缀着清香扑鼻的香蕉,棒极了!

食材(1个直径18cm的香蕉巧克力蛋糕的用量)

海绵蛋糕坯

鸡蛋……3个

细砂糖……90g

低筋粉……90g

A ┌ 黄油……20g
　└ 牛奶……1大匙

巧克力酱

鲜奶油……350mL

巧克力……50g

枫糖浆

水……4大匙

细砂糖……30g

朗姆酒……2小匙

装饰用

香蕉……2½根

核桃仁……30g

事先准备

· 请参照p15,制作枫糖浆。

· 过筛低筋粉。

· 将食材A放入耐热容器中,用微波炉加热10～20s。

· 将巧克力切碎。

· 将香蕉切为厚0.7cm左右的片。

· 把20g核桃仁弄碎。

· 将烤箱预热至180℃。

· 给模具铺上烘焙纸。

模具 直径18cm的圆形模具

烤蛋糕坯

1 请参照p14、p15的步骤1 ~ 14，烤好海绵蛋糕，冷却。

2 将蛋糕横向从中间切为2等份。如图所示，在蛋糕中央插入6根牙签，以固定厚度。

制作巧克力酱

3 在小锅里加入鲜奶油，煮至沸腾。

鲜奶油
350mL

4 事先把巧克力碎放进搅拌盆，然后加入沸腾的奶油，静置30s，利用奶油的热度熔化巧克力。

巧克力
50g

5 用手动打蛋器轻轻搅拌，帮助巧克力完全熔化。稍微放凉后，放入冰箱冷藏30min左右。

手动
打蛋器

冷藏
30min

6 30min后取出，用电动打蛋器隔冰水打至七成发（请参照p17）。

检验1

电动
打蛋器

装饰

7 参照p16步骤19 ~ 25，依次涂抹枫糖浆、巧克力酱，摆放香蕉片和核桃碎，然后再次涂巧克力酱。

香蕉
2根

核桃碎
20g

8 如图所示，用剩余的巧克力酱在蛋糕顶部裱花。

9 在裱花图案上小心摆上香蕉片和核桃仁。

香蕉
半根

核桃仁
10g

基本款 美味蛋糕卷

120 min

今天来做这款人气美味蛋糕卷吧。
绵软的口感来自蛋白和蛋黄的分开打发,即分蛋打发法。

▌基本技巧

蛋黄打发
蛋黄、黄油和细砂糖的混合打发是个难点,需要花费很大力气用打蛋器搅拌,才能不再感觉到糖的颗粒感。一般来说,搅打至整体发白的状态就可以了。

蛋白打发
蛋糕做得成功与否,蛋白打发可以说起决定性的作用。但过度打发也会导致蛋糕不膨松,要反复练习才能打出恰到好处的蛋白霜。

抹平食材
食材表面抹平后,才能烘烤出美观的蛋糕。最好用的抹平工具就是刮板,如果没有,也可用橡皮刮刀代替。

食材(1个30cm×30cm美味蛋糕卷的用量)

蛋糕卷
鸡蛋……4个
细砂糖……80g
低筋粉……100g
A ┌黄油……30g
　└牛奶……2大匙

奶油
鲜奶油……200mL
细砂糖……20g

枫糖浆
水……4大匙
细砂糖……30g
樱桃白兰地……2小匙

事先准备

· 请参照p15,制作枫糖浆。
· 过筛低筋粉。
· 将食材A放入耐热容器中,用微波炉加热10～20s。
· 把模具薄薄涂上一层黄油,铺上烘焙纸。
· 将烤箱预热至190℃。

模具 30cm×30cm方烤盘

烘焙纸的裁剪

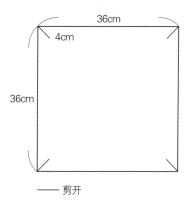

36cm
4cm
36cm

—— 剪开

如不够用,可铺两张。

分离蛋白蛋黄

1 如图所示把蛋白和蛋黄分离，分别放在搅拌盆里。

 POINT 将鸡蛋打入大号搅拌盆中，用手取出蛋黄。

鸡蛋
4个

基本技巧 蛋黄打发

手动
打蛋器

2 在蛋黄的搅拌盆里加入20g细砂糖，用手动打蛋器打至细砂糖溶化在蛋黄中，蛋黄浓稠发白。

细砂糖
20g

检验1

3 打发好的蛋黄如图中状态，呈细密的浓稠状。

基本技巧 蛋白打发

电动
打蛋器

4 在装有蛋白的搅拌盆里加入20g细砂糖，用电动打蛋器打发。

 MEMO 一次性加入60g细砂糖会很难溶解。

细砂糖
20g

5 打至蛋白泡沫细腻时，再加入20g细砂糖，继续打发。

细砂糖
20g

检验2

6 打至蛋白湿性发泡（出现水纹状的纹路，并且不容易消失，提起打蛋器，蛋白出现弯弯长长的尖角时，再加入20g细砂糖，继续打发，直至蛋白干性发泡（水纹状纹路不消失，状态像打发的裱花奶油，可以插筷子不倒，提起打蛋器，出现短短的尖角，并且尖角不会弯）。

细砂糖
20g

混合搅拌

橡皮
刮刀

7 用橡皮刮刀加入打发好的蛋黄，从底部往上翻拌均匀。

8 筛入一半低筋粉，搅拌至均匀且无干粉时，筛入剩余的低筋粉，搅拌均匀。（动作一定要轻，但是得快，不然蛋白消泡得厉害，蛋糕就发不起来了。）

低筋粉
100g

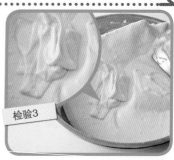

检验3

9 慢慢淋入食材A，搅拌成（搅拌方法同上）图中状态。

材料A
全部

基本技巧 ▶ 抹平食材

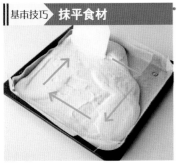

10 把食材倒入烤盘中,用刮板按图中箭头所示的顺时针方向往角刮食材。

11 最后保持食材表面平整即可。

烘烤

12 把模具放入预热至190℃的烤箱内,烤8 ~ 10min。然后,取出放在冷却架上冷却。

POINT 可以在蛋糕上盖上一层纸,防止变干。 190℃ 8~10min

打发鲜奶油

手动打蛋器

13 在搅拌盆中加入鲜奶油和细砂糖,隔冰水打至七成发(请参照p17)。

 鲜奶油 200mL ｜ 细砂糖 20g

卷蛋糕卷

14 撕掉原来的烘焙纸,另取一张新的烘焙纸,把蛋糕反扣在上面,刷上枫糖浆。

15 然后用抹刀抹上打发好的奶油。

POINT 蛋糕边可不抹,以防奶油溢出。

16 如图所示,由下往上轻轻往里卷。

POINT 尽量卷得紧实些。

17 包上油纸。

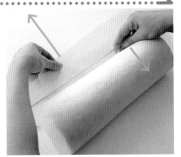

18 采用内卷法卷蛋糕片,接着用底部的烘焙纸辅助卷起蛋糕片,包上油纸,放入冰箱冷藏60min即可。

冷藏 60min

蒙布朗蛋糕卷

这是一款拌入朗姆酒的蒙布朗蛋糕卷,制作方法简易,却别有一番风味。

食材(1个30cm×30cm蒙布朗蛋糕卷的用量)

蛋糕卷
鸡蛋……4个
细砂糖……80g
低筋粉……100g

A ┌ 黄油……30g
　 └ 牛奶……2大匙

奶油
鲜奶油……200mL
细砂糖……10g

栗子奶油馅
栗子果泥……150g

B ┌ 黄油……40g
　 └ 朗姆酒……2小匙

枫糖浆
水……4大匙
细砂糖……30g
朗姆酒……2小匙

装饰用
去皮熟栗子……13颗

事先准备

· 请参照p15,制作枫糖浆。
· 过筛低筋粉。
· 将食材A放入耐热容器中,用微波炉加热10～20s。
· 把模具薄薄涂上一层黄油,铺上烘焙纸。
· 将烤箱预热至190℃。
· 把制作栗子奶油馅用的黄油放至常温。
· 取5颗去皮的熟栗子,切成边长1cm的栗子碎。

模具　30cm×30cm方烤盘

烘烤 | **卷蛋糕卷**

1 参照p22、p23中步骤1~12,烤好蛋糕片,冷却。

2 打发鲜奶油。在搅拌盆中加入鲜奶油和糖,隔冰水打至七成发(参照p17)。

| 手动打蛋器 |

| 鲜奶油 200mL | 细砂糖 10g |

3 在蛋糕片上依次涂上枫糖浆、打发好的奶油,然后在中央部位撒上栗子碎。

| 去皮熟栗子 5颗 |

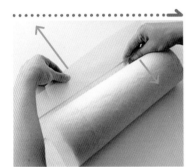

4 参照p23中的步骤18,采用内卷法卷蛋糕片,接着用底部的烘焙纸辅助卷起蛋糕片,包上油纸,放入冰箱冷藏60min。

| 冷藏 60min |

制作栗子奶油馅

5 在搅拌盆里倒入栗子果泥和食材B,用橡皮刮刀搅拌均匀。

| 橡皮刮刀 |

| 栗子果泥 150g | 食材B 全部 |

装饰

6 在卷好的蛋糕卷上挤上栗子奶油馅,然后放上剩余的栗子加以装饰。

| 剩余的栗子 8颗 |

蛋糕卷里的创意奶油馅

1酸奶馅

加入鲜奶油100mL、细砂糖40g打至七成发,加入稠酸奶250g搅拌均匀即可。

2蓝莓馅

加入鲜奶油200mL、细砂糖20g打至七成发,加入蓝莓酱40g搅拌均匀即可。

3红糖馅

加入鲜奶油100mL、红糖2大匙打至七成发即可。

创意款 圣诞树根蛋糕

150 min

这款甜品是圣诞夜必吃的一款法式蛋糕,因形状酷似原木树根而得名。

食材(1个30cm×30cm圣诞树
　　　根蛋糕的用量)

蛋糕卷

鸡蛋……5个

上等白糖……90g

低筋粉……60g

可可粉……20g

A—牛奶……2大匙

巧克力奶油馅

鲜奶油……200mL

细砂糖……10g

巧克力糖浆……3大匙

枫糖浆

水……4大匙

细砂糖……30g

朗姆酒……1大匙

装饰用

可可粉、细砂糖粉、装饰用银色

糖粒……各适量

覆盆子……适量

事先准备

· 请参照p15,制作枫糖浆。

· 将低筋粉和可可粉掺在一起,过
　筛。

· 将食材A放入耐热容器中,用微波
　炉加热10～20s。

· 把模具薄薄涂上一层黄油,铺上烘
　焙纸。

· 将烤箱预热至190℃。

模具　30cm×30cm方烤盘

烘烤

1 参照p22、p23中的步骤1~12，烤好蛋糕片，冷却。

制作巧克力奶油馅

手动打蛋器

2 在搅拌盆中加入鲜奶油和糖，隔冰水打至七成发（参照p17）。

鲜奶油 200mL	细砂糖 10g

3 加入巧克力糖浆，搅拌均匀。

巧克力糖浆 3大匙

卷蛋糕卷

4 参照p23中的步骤14~18，在蛋糕片上涂上约1/3分量的奶油，采用内卷法卷蛋糕片，接着用底部的烘焙纸辅助卷起蛋糕片，包上油纸，放入冰箱冷藏60min。

冷藏 60min

装饰

5 将蛋糕卷从中斜切成大小两段，长段作为树的主树干，在表面均匀地抹上巧克力奶油馅。再将小段部分斜贴在主树干部分，再抹上层巧克力奶油馅，注意树杈衔接部分要抹光滑、均匀。

6 用抹刀把树干上的巧克力奶油馅弄出如同树皮般的参差不平感。

7 用茶滤把可可粉筛上，再依次撒上覆盆子、银色糖粒和细砂糖粉加以装饰。

可可粉 适量	覆盆子 适量	银色糖粒 适量	细砂糖粉 适量

mini column
巧克力糖浆

在巧克力中加入砂糖、糖稀等加工而成的沙司类物品。由于是液体，使用非常方便，常用于蛋糕制作中，也可加入沙冰中调味。另外，也有用砂糖和果汁调制而成的草莓、椰子类糖浆，用法和巧克力糖浆相同。

戚风蛋糕

这款甜品因口感细腻绵软而获得超高人气。
只要掌握了制作要领,绝对零失败!

基本技巧

混合蛋白霜

把蛋白霜混入食材时,为了不破坏泡沫,需要轻轻搅拌;而且动作要麻利、迅速,不然泡沫很容易消失。

食材(1个直径17cm的戚风蛋糕的用量)

蛋黄……3个鸡蛋分量

细砂糖……30g

色拉油……2大匙

牛奶……2大匙

A ┌ 低筋粉……80g
  └ 泡打粉……1小匙

蛋白……4个鸡蛋分量

细砂糖……40g

事先准备

・将烤箱预热至170℃。

・将低筋粉和泡打粉掺在一起过筛。

多种粉类混合使用时,需要提前掺在一起过筛。

模具　直径17cm的戚风蛋糕模

不需要涂黄油、垫烘焙纸。

用蛋黄制作基本食材

1 在蛋黄中加入细砂糖，用手动打蛋器搅拌至发白。

手动打蛋器

蛋黄 3个	细砂糖 30g

2 加入色拉油、牛奶，继续搅拌至食材滑润。

色拉油 2大匙	牛奶 2大匙

3 加入食材A，搅拌均匀，打发至食材黏稠，能拉出微微的尖角。

食材A 全部

制作蛋白霜

电动打蛋器

4 另取一个搅拌盆，放入蛋白，用电动打蛋器打至发白后，加入1/3分量的细砂糖，继续打发至能拉出微微的尖角后，加入剩余细砂糖的1/2，继续打发。直到尖角更加挺立后，倒入剩余的细砂糖，继续打发。

蛋白 4个	细砂糖 40g

检验1

5 直到能拉出完整尖角的泡沫时，蛋白霜就完成了。

MEMO 生成足够量泡沫的蛋白霜可以使蛋糕膨胀松软。

基本技巧 混合蛋白霜

橡皮刮刀

6 另取一个搅拌盆，加入一半的蛋白霜，用橡皮刮刀从盆底向上翻拌，同时用另一只手按图中箭头方向转动搅拌盆。

检验2

7 加入剩余的蛋白霜，同样用橡皮刮刀混合搅拌，直至用刮刀舀起食材时能以图中这样比例的宽度滑落。

倒入模具

8 将食材倒入戚风蛋糕模内。

9 双手捧住模具外壁，左右来回转动两三下，释放出多余的空气。

POINT 模具内不需要垫烘焙纸。

烘烤

检验3

10 把模具放入预热至170℃的烤箱内,烤40～45min。

11 用竹签插入蛋糕坯,拔出时竹签上没有黏糊的时候即可。

170℃
40~45min

将模具倒扣、冷却

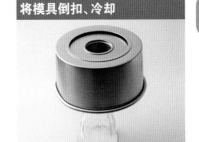

12 将模具倒扣、冷却。倒扣是为了让蛋糕内的蒸汽散发出来,使膨松高耸的蛋糕表面不萎缩。

POINT 模具倒扣后放在玻璃杯等高些的物品上,通风性好。

脱模

13 在模具和蛋糕之间插入抹刀,并沿着模具内壁划圈。柱状内模同样操作。

14 倒扣模具,轻轻拍打底部,让蛋糕脱离模具。

戚风蛋糕创意款

1 红茶戚风

只需在戚风蛋糕的制作步骤3(p30)中加入10g红茶粉即可。

2 芝麻戚风

只需在戚风蛋糕的制作步骤3(p30)中加入10g白芝麻粉即可。

3 樱花戚风

取四五片樱花叶浸盐后磨碎,在戚风蛋糕的制作步骤7(p30)中加入,然后在模具底部铺上几朵盐浸樱花即可。

大理石戚风蛋糕

让我们来学习这款高端、大气、华美的大理石戚风蛋糕吧。

120 min

食材(1个直径17cm的大理石戚风
蛋糕的用量)

大理石戚风蛋糕坯

蛋黄……3个鸡蛋分量

细砂糖……30g

色拉油……2大匙

牛奶……2大匙

A ┌ 低筋粉……70g
  └ 泡打粉……1小匙

B ┌ 可可粉……1大匙
  └ 开水……1大匙

蛋白……4个鸡蛋分量

打发好的奶油

鲜奶油……100mL

细砂糖……20g

事先准备

· 将食材A混合、过筛。

· 将食材B混合均匀。

· 将烤箱预热至170℃。

模具　直径17cm的戚风蛋糕模

制作食材

橡皮
刮刀

1 制作方法同p30步骤1～6。

检验1

2 加入剩余的蛋白霜,搅拌均匀。

3 另取一个盆,倒入1/3的食材,再加入食材B,搅拌成均匀的褐色。

食材B
全部

检验2

4 倒入原来拌好的食材中,用橡皮刮刀来回拌五次左右即可,无须拌匀。

 POINT ─ 拌五次左右即可,无须拌匀。

烘烤

5 倒入模具中,轻晃几下释放出多余的空气。放入预热至170℃的烤箱内,烘烤40～45min。

 170℃
40～45min

检验3

6 用竹签插入蛋糕坯,拔出时竹签上没有黏糊的时候即可。

冷却

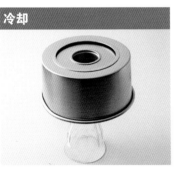

7 将模具倒扣,冷却,按照p31步骤13、14脱模。

装饰

手动
打蛋器

8 在搅拌盆中加入鲜奶油和细砂糖,隔冰水打至六成发。

9 如图所示,用勺子在蛋糕表面淋上少许奶油加以装饰即可。

 鲜奶油
100mL

 细砂糖
20g

水果磅蛋糕

基本款

这款甜品在蛋糕界的地位如同雪糕世界中的香草冰淇淋一样，
基础中的基础、经典中的经典！也可以用你喜爱的坚果来代替添加的水果。

基本技巧

打发黄油

黄油在搅打中可以裹入空气，在不断搅打的过程中，黄油变得越来越膨松，内部充满了无数的微小气孔。经过打发的黄油和其他材料拌匀以后，在烘烤过程中，能起到膨松剂的作用，让蛋糕或饼干的体积变大，变得松发。将黄油搅拌至类似发泡鲜奶油的状态，搅打生成的气泡越多，就越能做出入口即化的蛋糕坯。

食材（1个20cm×7.5cm×7.5cm水果磅蛋糕的用量）

水果磅蛋糕坯

黄油……150g

上等白糖……150g

鸡蛋……3个

A ┌ 低筋粉……150g
　└ 泡打粉……1小匙

混合水果干（事先用朗姆酒泡软）……120g

枫糖浆

水……4大匙

细砂糖……30g

樱桃白兰地……2小匙

事先准备

· 请参照p15，制作枫糖浆。

· 将食材A掺在一起，过筛。

· 把模具薄薄涂上一层黄油，铺上烘焙纸。

· 将烤箱预热至180℃。

· 将黄油放至室温软化。

模具 20cm×7.5cm×7.5cm磅蛋糕模具

烘焙纸的裁剪

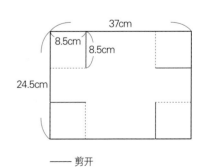

37cm

8.5cm

8.5cm

24.5cm

—— 剪开

电动
打蛋器

1 把黄油放在搅拌盆中,用电动打蛋器高速打成奶油状。

黄油
150g

2 加入上等白糖,拌匀。

上等白糖
150g

检验1

3 打至整体发白、膨松。

POINT 这样有利于其他食材的混合。

制作食材

4 分三次加入鸡蛋液,并高速搅打均匀。

POINT 黄油和鸡蛋液不易混合,所以要分次加入搅拌。

鸡蛋
3个

检验2

5 加入鸡蛋液和完全打发好的黄油,应该是如图所示的轻盈、膨松的羽毛状。

橡皮
刮刀

6 加入食材A,用橡皮刮刀翻拌均匀。

食材A
全部

7 倒入泡软的混合水果干,拌匀。

混合
水果干
120g

检验3

8 整体搅拌均匀后,即为成功的水果磅蛋糕食材。

倒入模具

9 倒入模具中,左右晃动几下,释放出多余的空气。

10 用橡皮刮刀把食材稍向四周移动，使之四边高、中央低。

 这样做有利于烘烤均匀。

烘烤

11 放入预热至180℃的烤箱内，烘烤45 ~ 50min。然后用竹签插入蛋糕坯，拔出时竹签上没有黏糊的时候即可。

180℃
45~50min

冷却

12 烤好后脱模。

13 在冷却架上放凉后，在水果磅蛋糕表面刷上一层枫糖浆即可。

枫糖浆
适量

磅蛋糕创意款

1 杏仁磅蛋糕

用80g杏仁粉代替混合水果干，与食材A拌匀后，撒上30g杏仁片烘烤即可。

2 椰香磅蛋糕

取5枚罐头菠萝片切成8等份，与50g椰子粉一起和食材拌匀，烘烤即可。

3 覆盆子磅蛋糕

将100g覆盆子和食材拌匀，烘烤即可。

香蕉磅蛋糕

80 min

这款磅蛋糕稍有不同，外观为方形，香蕉的加入，
使得蛋糕柔软湿润，口味浓郁，烘烤时的香味也让人着迷。

食材（1个30cm×30cm香蕉磅蛋
糕的用量）

香蕉磅蛋糕坯

黄油……180g

上等白糖……180g

鸡蛋……3个

A ┌低筋粉……180g
  └泡打粉……1小匙

香蕉……4根

事先准备

· 将黄油放至室温软化。

· 将食材A掺在一起，过筛。

· 把模具薄薄涂上一层黄油，铺上烘
焙纸。

· 将烤箱预热至180℃。

模具 30cm×30cm方形烤盘

把烘焙纸裁剪成36cm×36cm大
小，裁剪方法请参照p20。

制作食材

1 将2根香蕉用勺子碾成香蕉泥, 其余2根切成厚1cm左右的香蕉片。

香蕉
4根

2 按照p36步骤1~5制作。

检验1

橡皮刮刀

3 加入1/3的食材A, 用橡皮刮刀翻拌, 然后加入香蕉泥, 拌匀。

食材A
1/3分量

香蕉
2根

检验2

4 加入剩余的食材A, 拌匀。

食材A
2/3分量

倒入模具

5 倒入烤盘内, 用刮板抹平。

烘烤

6 把香蕉片如图所示随意摆放在食材上, 放入预热至180℃的烤箱内, 烘烤40~45min。

香蕉
2根

180℃
40~45min

冷却

7 脱模后, 放在冷却架上放凉。

8 用刀切成适当大小。

柠檬磅蛋糕

创意款

这款甜品中的水果可以解腻,加入柠檬汁的这款磅蛋糕清香四溢、酸甜可口,
点缀的糖霜更添浪漫可爱!

食材(1个20cm×7.5cm×7.5cm柠檬
　　磅蛋糕的用量)

柠檬磅蛋糕坯

黄油……150g

上等白糖……150g

鸡蛋……3个

A ┌ 低筋粉……150g
　└ 泡打粉……1小匙

柠檬皮……1/2个分量

糖霜

细砂糖粉……60g

柠檬汁……1大匙

※把不打蜡的柠檬用盐擦拭后清洗干净。

事先准备

· 将黄油放至室温。

· 将食材A掺在一起,过筛。

· 把模具薄薄涂上一层黄油,铺上烘
　焙纸。

· 将烤箱预热至180℃。

模具

20cm×7.5cm×7.5cm磅蛋糕模具

制作食材

1 把柠檬皮一半擦成细丝,一半切碎。

柠檬皮
1/2个分量

橡皮刮刀

2 制作方法参照p36制作步骤1～6。

检验1

3 掺入柠檬皮碎,搅拌均匀。

柠檬皮
1/4个分量

倒入模具

4 倒入模具中,用橡皮刮刀抹平。

检验2

5 用橡皮刮刀在食材中央纵向划道口子。

 MEMO 这里划道口子有利于引导蛋糕的膨胀方向,形成一个漂亮的裂口。

烘烤

6 晃动模具两三下,释放出多余的空气,放入预热至180℃的烤箱内,烘烤45～50min。烤好后脱模,在冷却架上放凉。

 180℃ 45~50min

淋糖霜

7 在搅拌盆里加入细砂糖粉和柠檬汁,用勺子拌匀至如图所示的状态即可。

 细砂糖粉 60g 柠檬汁 1大匙

8 揭去蛋糕外的烘焙纸,用勺子把糖霜淋在蛋糕上,然后撒上柠檬皮丝加以装饰。

 柠檬皮 1/4个分量

花样曲奇

这款甜品中的曲奇花形不一, 各有特色,
但制作方法大同小异, 十分容易上手。

90 min

基本技巧

醒面团
为使曲奇食材发硬压模, 需要在冰箱中冷冻一段时间。

擀面团
注意双手均匀施力, 保持薄厚一致。

压模
事先在模具上涂些干面粉, 方便压模。注意少许即可, 不要多涂。

食材（直径5cm的花样曲奇各12枚的用量）

曲奇坯

黄油……120g
上等白糖……120g
盐……适量
蛋黄……2个
A — 低筋粉……100g
B ┌ 低筋粉……90g
  └ 可可粉……10g

事先准备

· 将黄油放至室温软化。
· 把食材A和B分别过筛。
· 在模具上铺上烘焙纸。
· 将烤箱预热至170℃。

模具 直径5cm的花形饼干模具

制作曲奇坯

1 在搅拌盆中放入黄油、上等白糖、盐，用橡皮刮刀翻拌。

橡皮刮刀

| 黄油 120g | 上等白糖 120g | 盐 适量 |

检验1

2 翻拌至整体发白。

POINT 上等白糖颗粒稍大，要多次翻拌。

3 分两三次加入蛋黄液，搅拌均匀。

蛋黄 2个

4 分出一半的食材放到另一个盆中，加入食材A，在剩余的食材中加入食材B，分别搅拌至面团光滑适度。

| 食材A 全部 | 食材B 全部 |

基本技巧 醒面团

5 将面团用保鲜膜包好，放入冰箱冷藏60min左右，使面团发硬。

冷藏 60min

基本技巧 擀面团

6 在面板和擀面杖上撒些干面粉。

MEMO 干面粉最好是高筋粉，如没有，也可用低筋粉代替。

7 将两个面团都擀至约5mm厚。注意用力均匀，使其薄厚一致。

基本技巧 压模

8 让模具沾上适量干面粉。

POINT 这样做方便压模，也方便脱模。

9 把模具垂直压到面团上，用手指轻轻按下，取出曲奇坯即可。然后重复动作。

烘烤

10 把曲奇坯摆放在烤盘上,然后放入预热至170℃的烤箱烘烤15min。

11 烤好后,放在冷却架上放凉即可。

COLUMN

各种曲奇用粉类和糖类

尝试一下不同的口味吧。

粉类

全麦粉
是由整粒小麦磨成的粉,保留着小麦的香气,具有丰富的营养,但由于没有去掉麦麸,口感比较粗糙。

米粉
是由大米磨成的粉,做成曲奇时口感比小麦粉清爽、酥脆。

黄豆粉
是大豆炒后去皮、磨制而成的粉。和风曲奇中常添加一些黄豆粉,口感好,有利于健康。

荞麦粉
是用荞麦磨成的粉,烘焙曲奇时加入一些,别有一番风味。

糖类

细砂糖
无色透明,甜味清爽,和任何食材都能搭配,可凸显风味、香气和颜色,最适合制作糕饼。

上等白糖
蔗糖结晶,既滑润又香醇,加热后的烤色比细砂糖的浓。

温糖(棕色绵糖)
经过数次加热加以焦糖化,形成独特的黄褐色,甜度温和。由于能呈现个性风味,也常用来烘焙糕饼。

红糖
用甘蔗汁熬煮凝固而成的含蜜糖,具有独特的浓厚气味和甜味。用来做曲奇时多使用红糖粉。

奶油葡萄干夹心饼干

酥脆的饼干搭配上香滑的奶油,幸福感满满!

食材(8个6cm×4.5cm奶油葡萄干夹心饼干的用量)

饼干坯
黄油……120g
细砂糖……120g
盐……适量
蛋黄……2个鸡蛋分量

A ┌ 低筋粉……140g
  └ 杏仁粉……50g

夹心馅
黄油……100g
细砂糖……30g
蛋白……2个鸡蛋分量

B ┌ 葡萄干……40g
  └ 朗姆酒……2小匙

事先准备

· 将黄油放至室温软化。
· 将食材A掺在一起,过筛。
· 把葡萄干用朗姆酒泡软。
· 在烤盘上铺上烘焙纸。
· 将烤箱预热至170℃。

模具 6cm×4.5cm饼干模具

制作饼干食材

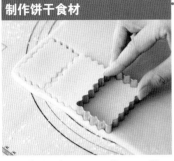

1 按p44步骤1~6,将面团擀至7mm厚,让饼干模具上沾上适量干面粉,制作饼干坯。

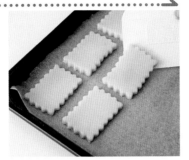

2 放到烤盘中摆放整齐,在预热至170℃的烤箱内烘烤15min后,冷却。

 POINT 可以用刮板协助取下饼干。 **170℃ 15min**

制作奶油夹心馅

3 在搅拌盆里加入黄油和10g细砂糖,用橡皮刮刀翻拌至整体发白。

橡皮刮刀

黄油 100g　细砂糖 10g

4 另取一盆,加入蛋白和20g细砂糖,用电动打蛋器搅拌至出现能拉出完整尖角的泡沫。

电动打蛋器

5 把打好的蛋白霜分两三次加入黄油里,注意每次都要搅拌均匀后再加入。

橡皮刮刀

蛋白 2个鸡蛋分量　细砂糖 20g

检验1

6 翻拌至整体膨松。

 HELP 分离之后,隔水加热两三秒,均匀混合。

7 最后加入葡萄干,拌匀,夹心馅就完成了。

材料B 全部

制作夹心饼干

8 把夹心馅装入裱花袋中,挤在冷却后的饼干上。

9 再盖上一块饼干,轻轻按下,奶油葡萄干夹心饼干就成功了。

蛋奶布丁

130 min

这款甜品食材简单,是用鸡蛋和牛奶做成的最基本款布丁,散发着浓郁的香草气息!

基本技巧

用滤网过滤

用来去除布丁浆中的杂质,使之更加顺滑细腻。根据食材和用途,有时也可以用细网眼的茶滤代替。

隔水烘烤

将布丁浆放入烤盘,进炉后在烤盘中放半盘热水,即为隔水烘烤。由于加入水后烤箱温度会降低,所以一定要加热水。

食材（5个180mL的蛋奶布丁的用量）

蛋奶浆

鸡蛋……3个

上等白糖……70g

牛奶……300mL

香草豆荚……1/2根

焦糖浆

细砂糖……40g

热水……1大匙

事先准备

· 把香草豆荚剖开,取出里面的豆备用,外面的豆荚皮也留用。

· 将烤箱预热至170℃。

模具　180mL的布丁模具

也可用相同容量的耐热容器代替。

制作焦糖浆

1 在小锅内倒入细砂糖，小火加热，煮成褐色时关火，然后立刻倒入事先准备好的热水，搅匀。

细砂糖 40g	热水 1大匙

2 趁热倒入布丁模内（倒入模内片刻即会凝结）。

HELP 如果焦糖浆倒入布丁模前凝结了，可再次用小火使之熔化。

制作蛋奶浆

3 在小锅内倒入牛奶、香草豆以及豆荚皮，小火加热，直至出现小气泡。

牛奶 300mL	香草豆荚 1/2根

手动打蛋器

4 在搅拌盆里加入鸡蛋和上等白糖，搅打均匀后，慢慢倒入熬好的香草牛奶，搅拌均匀。

鸡蛋 3个	上等白糖 70g

基本技巧 用滤网过滤

5 如图所示，滤出蛋奶浆里的杂质。

倒入模具

6 把过滤后的蛋奶浆等量倒入模具中，八分满即可。

基本技巧 隔水烘烤

7 把模具放入烤盘内，在烤盘中加入半盘热水，然后放到预热至170℃的烤箱内，烘烤30min。如果途中烤盘内的热水变少了，可再加入。

170℃ 30min

检验1

8 烤好后，晃动一下布丁模，如果里面的布丁液不晃动，即为烘烤成功。

冷却

9 稍微放凉后，放入冰箱内冷藏60min，然后如图所示用竹签脱模。

冷藏 60min

创意款

南瓜布丁

这款甜品色泽诱人，入口即化

60
min

食材（5个180mL的南瓜布丁的用量）
布丁浆
鸡蛋……3个
上等白糖……70g
牛奶……300mL
香草豆荚……1/2根
去皮南瓜……230g
焦糖浆
细砂糖……40g
热水……1大匙

事先准备
·把南瓜用微波炉加热3.5min左右，用勺子碾成南瓜泥。
·把香草豆荚剖开，取出里面的豆备用，外面的豆荚皮也留用。
·参照p50制作出焦糖浆，趁热倒入布丁模内。
·将烤箱预热至170℃。

模具　180mL的布丁模具

制作布丁浆

手动
打蛋器

1 在小锅内倒入牛奶、香草豆以及豆荚皮，小火加热，直至出现小气泡。

牛奶
300mL

香草豆荚
1/2根

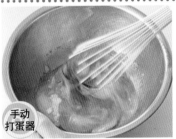

2 在搅拌盆里加入鸡蛋和上等白糖，搅拌均匀。

鸡蛋
3个

上等白糖
70g

3 另取一个盆，加入南瓜泥，然后把打好的蛋糕分两三次加入，注意每次都要搅拌均匀后再加入。

南瓜
230g

用滤网过滤

检验1

橡皮
刮刀

4 一点点加入熬好的牛奶，搅拌均匀后，滤出布丁浆里的杂质。

隔水烘烤

5 把过滤后的布丁浆等量倒入模具中，八分满即可。把模具放入烤盘内，在烤盘中加入半盘热水，然后放到预热至170℃的烤箱内，烘烤30min即可。

170℃
30min

烘焙成功的秘诀

失败的原因多种多样,但只要掌握了成功秘诀就没问题啦!

海绵蛋糕

失败原因 蛋糕不膨胀

成功方法 彻底打发鸡蛋

蛋液中加入糖,用打蛋器打发至整体发白,以能在蛋糊上写字且不消退为准。

失败原因 面粉结块

成功方法 再次过筛

由于接触空气,面粉容易结成块,所以最好每次过两次筛(分别在事先准备和制作食材时)。

泡芙

失败原因 食材不膨胀

成功方法 检查食材搅拌情况

鸡蛋加入过多,食材容易变软,难以压模。重新搅拌,直至食材黏稠到可以呈三角形状态流动下来。

失败原因 泡芙塌陷

成功方法 充分烘烤

如果烘烤中途打开烤箱,外面的气温远低于烤箱内的温度,还没完全烤透的泡芙就会因热胀冷缩而变塌。一定要等到表面的裂口烤成茶褐色时才能打开烤箱。

戚风蛋糕

失败原因 蛋糕中间出现小空洞

成功方法 充分释放出多余空气

把食材倒入模具时,注意搅拌盆要位于模具上方10cm左右处,这样可以充分释放出多余的空气。

派类

失败原因 面片不压模

成功方法 不要用手接触面片

由于手掌的温度会使黄油熔化,所以不能直接用手接触面片,可以使用刮板或擀面杖。

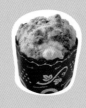

Part 2

一定要学会的

多款经典糕饼

从大受好评的乳酪蛋糕，到小巧可爱、色彩绚丽的马卡龙，

经典糕饼一网打尽，应有尽有。

基本款 乳酪蛋糕

80 min

外表简单优雅，口感绵软浓郁。

食材（1个直径18cm的乳酪蛋糕的用量）

乳酪蛋糕

奶油奶酪……250g

酸奶……100g

细砂糖……70g

鸡蛋……2个

低筋粉……20g

底坯

全麦饼干……100g

黄油……50g

事先准备

· 奶油奶酪放至室温软化。

· 把全麦饼干装进塑料袋，用擀面杖碾碎。

· 把黄油放进耐热容器中，用微波炉加热1min。

· 将鸡蛋打成鸡蛋液。

· 过筛低筋粉。

· 将烤箱预热至170℃。

模具　直径18cm的活底圆形模具

制作底坯

1 在搅拌盆里加入碾碎的全麦饼干、熔化的黄油,搅拌均匀。

橡皮刮刀

| 全麦饼干 100g | 黄油 50g |

2 倒入模具,用勺背压实,包上保鲜膜,放入冰箱冷藏30min。

POINT 用勺背压平、压实。

冷藏 **30**min

制作食材

3 在盆里加入奶油奶酪,用电动打蛋器搅打成平滑的奶油。

电动打蛋器

| 奶油奶酪 250g |

4 加入酸奶和细砂糖,继续搅打均匀。

| 酸奶 100g | 细砂糖 70g |

5 将鸡蛋液分三四次加入,边加入边搅打均匀。

| 鸡蛋 2个 |

6 筛入低筋粉,用橡皮刮刀翻拌均匀。

橡皮刮刀

| 低筋粉 20g |

倒入模具

7 把食材倒在醒好的底坯上。

8 晃动模具,使食材表面平滑。

烘烤

9 放入预热至170℃的烤箱内,烘烤25min。稍微放凉后,轻推底部取出蛋糕。

170℃ 25min

抹茶大理石乳酪蛋糕

加入抹茶的一款和风乳酪蛋糕。

食材（1个直径18cm的抹茶大理石
乳酪蛋糕的用量）

乳酪蛋糕

奶油奶酪……250g

酸奶……100g

细砂糖……70g

鸡蛋……2个

低筋粉……20g

抹茶粉……10g

底坯

全麦饼干……100g

黄油……50g

事先准备

· 把奶油奶酪放至室温软化。

· 把全麦饼干装进塑料袋，用擀面杖
  碾碎。

· 把黄油放进耐热容器中，用微波炉
  加热1min。

· 把鸡蛋打成鸡蛋液。

· 过筛低筋粉。

· 把抹茶粉用1大匙温水化成糊。

· 将烤箱预热至170℃。

模具 直径18cm的活底圆形模具

制作底坯

1 制作方法同p55步骤1、2。

冷藏
30min

制作食材

橡皮刮刀

2 制作方法同p55步骤3~5，然后加入1小匙抹茶糊，搅拌均匀。舀出1杯食材，再加入剩余的抹茶糊，拌匀。

抹茶粉
10g

3 筛入低筋粉，用橡皮刮刀翻拌均匀。

低筋粉
20g

倒入模具

4 把食材倒在冷冻完成的底坯上。晃动模具，使食材表面平滑。

检验1

5 把刚才舀出的1杯食材用勺子呈水珠状滴在整体食材上，然后用竹签挑出细线，描绘图案。

烘烤

6 放入预热至170℃的烤箱内，烘烤25min。稍微放凉后，轻推底部取出蛋糕。

170℃
25min

乳酪蛋糕创意款

1 香橙乳酪蛋糕

参照p55步骤1、步骤2制作底坯，涂上50g橙子果酱。做好食材后，加入20mL橙汁拌匀烘烤即可。

2 咖啡乳酪蛋糕

参照p55步骤1、2制作底坯。用1大匙温水把5g速溶咖啡粉溶化，在制作食材时，加面粉之前倒入模具中。其余步骤相同。

3 日式白酱乳酪蛋糕

参照p55步骤1、2制作底坯。制作食材时，先加入30g日式白酱，其余步骤相同。

基本款

舒芙蕾（轻乳酪蛋糕）

140 min

这款甜品有着温暖、柔和的金黄色泽，典雅大方的简单造型，
轻轻地咬上一口，细腻柔软，乳酪的香味萦绕于口中，甜蜜、快乐、幸福……

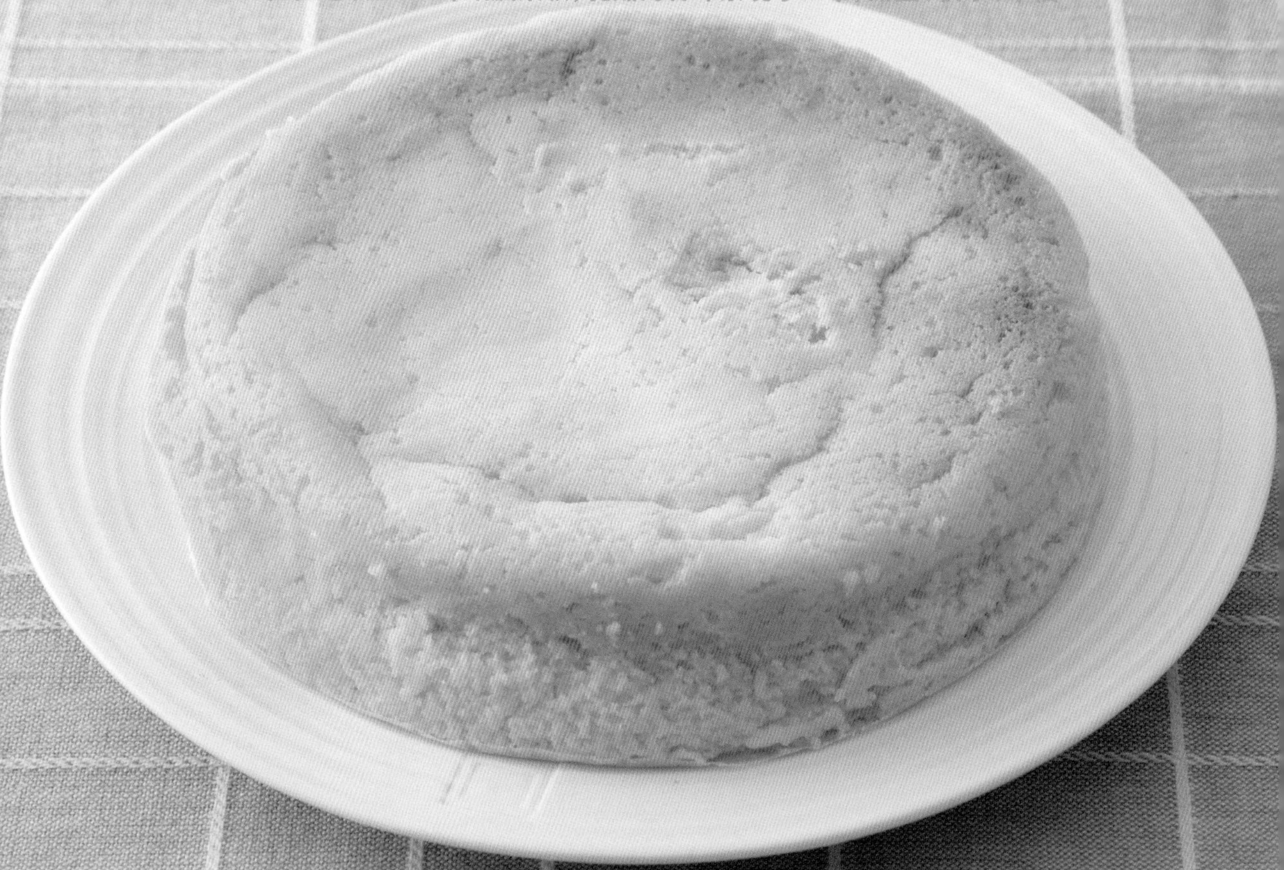

食材（1个直径18cm的舒芙蕾的用量）

乳酪蛋糕

奶油奶酪……250g
黄油……30g
细砂糖……80g
蛋黄……3个鸡蛋分量
玉米淀粉……15g
柠檬汁……1½ 大匙
蛋白……3个鸡蛋分量

事先准备

- 把奶油奶酪、黄油放至室温软化。
- 过筛玉米淀粉。
- 在模具上薄薄刷上一层黄油，铺上烘焙纸。
- 将烤箱预热至140℃。

模具 直径18cm的固底圆形模具

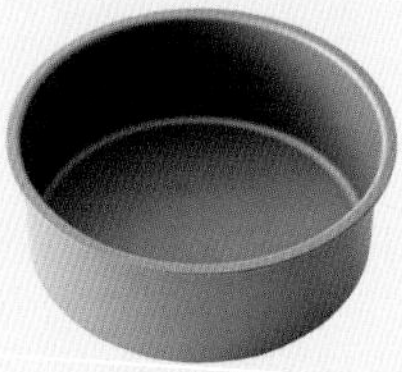

制作食材

电动
打蛋器

1 在搅拌盆里加入奶油奶酪、黄油，用电动打蛋器打成细滑奶油。制作方法同p55步骤1、2。

| 奶油奶酪 250g | 黄油 30g |

2 加入一半的细砂糖，搅拌均匀。把蛋黄一个一个地加入搅打。

| 细砂糖 40g | 蛋黄 3个鸡蛋分量 |

3 筛入玉米淀粉，加入柠檬汁，继续搅打。

| 玉米淀粉 15g | 柠檬汁 1½大匙 |

制作蛋白霜

检验1

4 另取一盆，加入蛋白，把剩余的细砂糖分三次加入，搅打至能拉出尖角的状态。

| 蛋白 3个 | 细砂糖 40g |

手动
打蛋器

5 在食材里加入1/3分量的蛋白霜，用手动打蛋器搅拌均匀。

检验2

橡皮
刮刀

6 加入剩余的蛋白霜，用橡皮刮刀翻拌均匀。

POINT 换用橡皮刮刀是为了不破坏起泡。

隔水烘烤

7 倒入模具内，放入烤盘，在烤盘中加入半盘热水，然后放到预热至140℃的烤箱内，烘烤40min即可。如果中途水变少，可加水。

140℃ 40min

8 烤好后立刻揭去侧边烘焙纸，稍微放凉后放入冰箱冷藏60min。

MEMO 冷却后，烘焙纸很难揭掉。

冷藏 60min

樱桃乳酪蛋糕

这款甜品加入樱桃果酱，味觉新体验。

150 min

食材（1个直径18cm的樱桃乳酪蛋糕的用量）

乳酪蛋糕
奶油奶酪……250g
黄油……30g
细砂糖……80g
蛋黄……3个鸡蛋分量
玉米淀粉……15g
柠檬汁……1½ 大匙
蛋白……3个鸡蛋分量
罐头樱桃……12颗
樱桃汁
樱桃果酱……200g
柠檬汁……1小匙

事先准备

· 把奶油奶酪、黄油放至室温软化。
· 玉米淀粉过筛。
· 樱桃去核。
· 在模具上薄薄刷上一层黄油，铺上烘焙纸。
· 将烤箱预热至140℃。

模具 直径18cm的固底圆形模具

制作食材

1 参照p59步骤1～6制作食材。

2 倒入模具内,摆上樱桃。

櫻桃
12颗

隔水烘烤

3 模具放入烤盘,在烤盘中加入半盘热水,然后放到预热至140℃的烤箱内,烘烤40min即可。如果中途水变少,可加水。

140℃
40min

4 烤好后立刻揭去侧边烘焙纸,稍微放凉后放入冰箱冷藏60min。

冷藏
60min

制作樱桃汁

5 在小锅内放入樱桃果酱,中火加热。

櫻桃
果酱
200g

6 沸腾后再煮3min后关火,加入柠檬汁拌匀后,浇到蛋糕上。

柠檬汁
1小匙

mini column

櫻桃

由于罐头樱桃个大,容易去核,常用来烘焙蛋糕。而生樱桃加热后会渗出水分,一般只用作装饰。

基本款 奶油泡芙

这款甜品是源自意大利的西式甜品。膨松张孔的奶油面皮中包裹着奶油、巧克力乃至冰淇淋。制作方法十分简单易学。

140 min

食材 (12 个奶油泡芙的用量)

泡芙

A
- 水……40mL
- 牛奶……40mL
- 黄油……35g
- 盐……适量

低筋粉……45g

鸡蛋……2个

打发好的奶油

B
- 鲜奶油……100mL
- 樱桃白兰地……1小匙

蛋奶冻

蛋黄……3个鸡蛋分量

细砂糖……55g

低筋粉……30g

牛奶……300mL

黄油……20g

香草精……少许

事先准备

· 分别过筛低筋粉。

· 把鸡蛋打成鸡蛋液。

· 在烤盘上薄薄刷上一层黄油。

· 将烤箱预热至190℃。

制作食材

1 在小锅内加入食材A，小火煮至黄油溶化后，转中火煮至沸腾。

食材A
全部

2 关火后，加入低筋粉，用橡皮刮刀翻拌均匀。

橡皮刮刀

低筋粉
45g

3 重新开中火，一边加热，一边不停地搅拌，直到锅底出现一层食材薄膜后离火。

4 把鸡蛋液分三四次加入，每次加入后都要拌匀。

鸡蛋
2个

检验1

5 继续翻拌，直至食材细腻、光滑，黏稠到可以呈三角形状态流下来。

挤食材

6 将食材装进裱花袋，在烤盘上方2cm处挤出直径约4cm的圆形。

7 手指蘸一点水，轻按食材中央。

8 用喷雾器在食材表面喷点水。

烘烤

9 放到预热至190℃的烤箱内，烘烤25～35min即可。

POINT 这样做可以使食材充分膨胀。

POINT 烘烤至表面呈茶褐色。

190℃
25～35min

制作蛋奶冻

手动打蛋器

10 在搅拌盆里加入蛋黄、细砂糖,用手动打蛋器充分搅打。

蛋黄	细砂糖
3个鸡蛋分量	55g

11 筛入低筋粉,轻轻搅拌均匀。

低筋粉
30g

12 用小锅加热牛奶,沸腾前关火,慢慢加入食材中,迅速拌匀。

牛奶
300mL

检验2

13 用茶滤再滤入小锅内,开中火,用手动打蛋器搅打至细腻、光滑。

14 离火,加入黄油、香草精,搅匀。

黄油	香草精
20g	少许

15 放入方盘内,用保鲜膜盖住,放入冰箱冷藏60min。

 **POINT** 要注意迅速盖上保鲜膜,防止表面变干。 **冷藏 60min**

混入打发好的奶油

橡皮刮刀

16 在搅拌盆里加入食材B,隔冰水打至七成发,加入冷冻后的蛋奶冻,搅拌均匀。

食材B
全部

把奶油挤入泡芙内

17 如图所示,用刀在烤好的泡芙侧面划一刀,注意别切成两半了。

18 用裱花袋挤入奶油即可。

泡芙夹馅创意款

1 槭糖泡芙

食材

蛋黄……3个鸡蛋分量

细砂糖……25g

槭糖……30g

低筋粉……30g

牛奶……300mL

黄油……20g

A ┌ 鲜奶油……100mL
　└ 槭糖浆……1大匙

制作方法

1 在搅拌盆里加入蛋黄、细砂糖和槭糖，用手动打蛋器充分搅打。

2 筛入低筋粉，轻轻搅拌均匀。

3 用小锅加热牛奶，沸腾前关火，慢慢加入食材中，迅速拌匀。

4 用茶滤再滤入小锅内，开中火，用手动打蛋器搅打至细腻、光滑。离火，加入黄油，搅匀后，盖上保鲜膜，放入冰箱冷藏60min。

5 取出后，与打至七成发的食材A拌匀。

2 柠檬泡芙

食材

蛋黄……3个鸡蛋分量

细砂糖……50g

低筋粉……30g

柠檬汁……2个柠檬分量

牛奶……300mL

A ┌ 柠檬皮蓉……2个柠檬分量
　└ 黄油……20g

制作方法

1 在搅拌盆里加入蛋黄、细砂糖，用手动打蛋器充分搅打。

2 筛入低筋粉，轻轻搅拌均匀后，加入柠檬汁，拌匀。

3 用小锅加热牛奶，沸腾前关火，慢慢加入食材中，迅速拌匀。

4 用茶滤再滤入小锅内，开中火，用手动打蛋器搅打至细腻、光滑。离火，与食材A拌匀。

3 椰香泡芙

食材

蛋黄……3个鸡蛋分量

细砂糖……50g

低筋粉……30g

牛奶……150mL

椰汁……150mL

黄油……10g

A — 鲜奶油……100mL

制作方法

1 在搅拌盆里加入蛋黄、细砂糖，用手动打蛋器充分搅打。

2 筛入低筋粉，轻轻搅拌均匀。

3 用小锅加热牛奶和椰汁，沸腾前关火，慢慢加入食材中，迅速拌匀。

4 用茶滤再滤入小锅内，开中火，用手动打蛋器搅打至细腻、光滑。离火，加入黄油，拌匀，冷冻。

5 与打至七成发的食材A拌匀。

摩卡巧克力泡芙

这是一款表面涂有摩卡糖霜的细长条状泡芙。

150 min

食材 (10 条约12cm长的摩卡
　　巧克力泡芙的用量)

泡芙

A
- 水……40g
- 牛奶……40g
- 黄油……35g
- 盐……适量
- 速溶咖啡粉……1/2 小匙

低筋粉……45g

鸡蛋……2个

摩卡蛋奶冻

B
- 蛋黄……3个鸡蛋分量
- 细砂糖……55g

速溶咖啡粉……1大匙

低筋粉……30g

牛奶……300mL

黄油……20g

摩卡糖霜

细砂糖粉……60g

速溶咖啡粉……1/2大匙

事先准备

· 分别过筛低筋粉。

· 把鸡蛋打成鸡蛋液。

· 把制作摩卡糖霜用的速溶咖啡粉用
　1大匙热水溶化。

· 在烤盘上薄薄刷上一层黄油。

· 将烤箱预热至190℃。

烘烤泡芙

1 参照p63步骤1~5,制作泡芙食材。

2 装入裱花袋,挤成12cm长的泡芙条。

3 表面用喷雾器喷上水,然后用叉子如图所示印上花纹,放入预热至190℃的烤箱烘烤25~35min。

190℃
25~35min

制作夹心馅

手动打蛋器

4 在搅拌盆中加入食材B拌匀后,加入速溶咖啡粉稍加混合,再筛入低筋粉,轻轻拌匀。

食材B 全部 | 速溶咖啡粉 1大匙 | 低筋粉 30g

检验1

橡皮刮刀

5 参照p64步骤12~14,制作蛋奶冻,放入方盘内,覆上保鲜膜,放入冰箱冷藏60min。

冷藏
60min

挤入夹心馅

6 如图所示,用刀在烤好的泡芙侧面划一刀,注意别切成两半了。

7 用裱花袋挤入冷冻好的蛋奶冻即可。

浇上摩卡糖霜

检验2

8 在速溶咖啡中加入细砂糖粉,如图所示,搅拌成细滑的糊状。

细砂糖粉 60g | 速溶咖啡粉 1/2大匙

9 用勺子浇在泡芙表面,放在冷却架上凝固即可。

冻曲奇

这款甜品不需要模具,是可迅速上手的一款曲奇。

220 min

食材(40个直径5cm的冻曲奇的用量)

曲奇坯

黄油……160g

细砂糖……70g

盐……适量

鸡蛋……1个

A ┌ 低筋粉……240g
  │ 可可粉……40g
  └ 杏仁粉……40g

装饰用

细砂糖……适量

事先准备

· 把黄油放至室温软化。

· 把鸡蛋打成鸡蛋液。

· 把食材A掺在一起,过筛。

· 在烤盘上铺上烘焙纸。

· 将烤箱预热至170℃。

制作曲奇坯

1 在搅拌盆里加入黄油、细砂糖、盐，用橡皮刮刀搅拌至整体发白。

2 分两三次加入鸡蛋液，每次加入都要搅匀。

3 加入食材A，拌匀，用保鲜膜包上，放入冰箱醒60min。

橡皮刮刀

 黄油 160g

 细砂糖 70g

 盐 适量

鸡蛋 1个

食材A 全部

冷藏 60min

成形

4 在面案上撒些干面粉，揉面团。

5 把面团分成两个，然后分别揉成直径4cm左右的圆棒，包上保鲜膜冷冻120min。

6 用刷子薄薄刷上一层水，然后在细砂糖里滚上一圈，使之沾上细砂糖。

POINT 揉成光滑的面团，这样口感很好。

冷冻 120min

细砂糖 适量

烘烤

7 用刀切成一个个7mm厚的小圆饼。

8 放入预热至170℃的烤箱内，烘烤约20min。取出后在冷却架上放凉即可。

 POINT 为了不致烤出焦斑，曲奇的厚度务必均匀。

 170℃ 20min

巧克力软曲奇

这款甜品口感酥软,更低热量,更高享受!

食材(30个巧克力软曲奇的用量)

曲奇坯

黄油……80g

白巧克力……40g

上等白糖……55g

鸡蛋……1个

A ┌ 低筋粉……160g
　└ 杏仁粉……2大匙

装饰用

奶油巧克力……60g

事先准备

· 把黄油放至室温软化。

· 把巧克力切成较小的块备用。

· 把食材A掺在一起,过筛。

· 在烤盘上铺上烘焙纸。

· 将烤箱预热至170℃。

制作曲奇坯

手动
打蛋器

橡皮
刮刀

1 在耐热容器中放入黄油和白巧克力，用微波炉加热1.5min使之熔化。

黄油	白巧克力
80g	40g

2 加入上等白糖和鸡蛋液，用手动打蛋器搅拌均匀。

上等白糖	鸡蛋
55g	1个

3 筛入食材A，用橡皮刮刀充分搅拌均匀。

食材A
全部

成形

检验1

4 包上保鲜膜，放入冰箱冷藏60min。

冷藏
60 min

5 把冷藏后的面团分为30等份，揉圆后用手掌心压扁，中间包上奶油巧克力。

奶油巧克力
60g

6 放在烤盘上，每个面团之间要留出一定的间隔。然后，用手指按下面团中央。

烘烤

7 放入预热至170℃的烤箱内，烘烤约12min。取出后在冷却架上放凉即可。

mini column

两种吃法

软曲奇之所以口感软滑，秘诀在于加入了很多的巧克力。放凉后吃，很有嚼劲。如果吃之前用微波炉稍微加热一下，口感又有所不同。或者，用烤面包机稍微烘烤一下，刚烤好的味道简直太棒了！

基本款 雪球酥

这款甜品外表小巧可爱, 口感松脆酥香, 你一定会爱上它!

100 min

食材 (24 个雪球酥的用量)

曲奇坯

黄油……90g

细砂糖……25g

盐……适量

A ┌ 低筋粉……120g
  └ 杏仁粉……30g

B ┌ 核桃……50g
  └ 腰果……20g

装饰用

细砂糖粉……适量

事先准备

· 把食材B切成小粒。如果想口感更好, 可以切得更碎些。

· 把黄油放至室温软化。

· 把食材A掺在一起, 过筛。

· 在烤盘上铺上烘焙纸。

· 将烤箱预热至170℃。

制作曲奇坯

1 在搅拌盆中加入黄油、细砂糖、盐，用橡皮刮刀翻拌至整体发白。

橡皮刮刀

黄油 90g	细砂糖 25g	盐 适量

2 加入食材A，搅拌均匀。

食材A 全部

检验1

3 加入食材B，用橡皮刮刀充分搅拌均匀，揉成一个面团。

食材B 全部

4 包上保鲜膜，放入冰箱冷藏30min。

冷藏 30min

成形

5 把冷藏后的面团分为24等份，搓成直径约2cm的圆球，放在烤盘上。

烘烤

6 放入预热至170℃的烤箱内，烘烤20～25min。

 POINT 如果雪球表面出现薄薄的一层黄色，就说明烤好了。 170℃ 20~25min

7 烤好后，由于雪球容易变形，直接放在烤盘上冷却即可。

撒上细砂糖粉

8 雪球酥不烫时，装进放有细砂糖粉的塑料袋中，轻轻晃动，使之均匀沾上细砂糖粉。

细砂糖粉 适量

基市款 布列塔尼小酥饼

这是一款传统法式甜品,酥松、香甜!

120 min

食材 (25个直径5cm的布列塔尼小酥饼的用量)

曲奇坯

黄油……180g

细砂糖……80g

盐……适量

蛋黄……2个鸡蛋分量

A ┌ 低筋粉……200g
　└ 泡打粉……1/4小匙

装饰用

B ┌ 蛋黄……1个鸡蛋分量
　└ 水……1大匙

事先准备

· 把黄油放至室温软化。

· 把食材A掺在一起,过筛。

· 在烤盘上铺上烘焙纸。

· 将烤箱预热至170℃。

模具 直径5cm的圆形无底模具

制作曲奇坯

1 在搅拌盆中加入黄油、细砂糖、盐，用橡皮刮刀翻拌至整体发白。

橡皮
刮刀

黄油	细砂糖	盐
180g	80g	适量

2 分两三次加入蛋黄液，每次加入都要搅匀。

蛋黄
2个鸡蛋分量

3 加入食材A，用橡皮刮刀充分搅拌均匀，揉成一个面团。然后包上保鲜膜，放入冰箱冷藏60min。

食材A	冷藏
全部	60min

压模

4 在面案和擀面杖上撒些干面粉，把面团擀成8mm厚的面皮。

POINT 过厚会影响口感。

5 将模具沾上干面粉，在面皮上压出一个个小圆饼。

6 将食材B搅拌均匀后，用刷子刷在圆饼表面。

POINT 只刷蛋黄液便可烤出色泽优美的小酥饼。加入定量的水，棋盘格图案会更加富有光泽。

检验1

7 如图所示，用竹签在圆饼表面压出棋盘格。

烘烤

8 放入烤盘，放进预热至170℃的烤箱中烘烤约20min。

9 烤好后，在冷却架上放凉即可。

170℃
20min

法式焦糖杏仁酥饼

这款甜品,上层是香甜的带着嚼劲的焦糖杏仁片,下层是酥酥的带着浓郁蛋黄味的曲奇饼,双重口感,绝佳享受!

食材(1个20cm×20cm法式焦糖杏仁酥饼的用量)

曲奇坯
黄油……180g
细砂糖……80g
盐……适量
蛋黄……2个鸡蛋分量
A ┌ 低筋粉……200g
  └ 泡打粉……1/4小匙

焦糖杏仁片
B ┌ 黄油……80g
  │ 细砂糖……100g
  │ 蜂蜜……2大匙
  └ 鲜奶油……60g
杏仁片……90g

事先准备

· 把杏仁片在170℃烤箱里烤10min左右,呈现浅浅的咖啡色即可。

· 把食材A掺在一起,过筛。

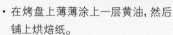

· 在烤盘上薄薄涂上一层黄油,然后铺上烘焙纸。

· 将烤箱预热至180℃。

模具 20cm×20cm方形模具

制作曲奇坯

1 参照p75步骤1～3做好面团后,擀成5mm厚的正方形面皮,然后放入冰箱冷冻10min。

冷冻
10min

2 在面皮上放上模具,用刀沿着模具底边切割,切成可放入模具的大小。

3 放入预热至180℃的烤箱烘烤20～30min后,取出冷却(无须脱模)。

180℃
20~30min

制作焦糖杏仁片

检验1

橡皮刮刀

4 在小锅中加入食材B,边加热边用橡皮刮刀搅拌混合,使其变为液体。煮到115℃后关火(这时液体必然已经煮沸了,冒泡泡,而且颜色浅黄)。

POINT 中火慢煮

食材B
全部

5 离火,加入杏仁片混合均匀,小心别弄碎。

6 倒在冷却的曲奇坯上,用刮板快速抹平。

杏仁片
90g

冷却

7 放入180℃的烤箱烘烤10～15min,烤到表面变深褐色。

180℃
10~15min

8 凉至稍微不那么烫时,倒扣脱模,切成小块。

POINT 完全放凉后焦糖会结块,难以切开。

司康饼

这款甜品味道干香酥软,做早餐或当点心都非常不错。
最重要的是,制作起来非常简单,即使是新手上路,也绝无闪失!

食材(6个直径5.5cm的司康
饼的用量)

低筋粉……200g
泡打粉……2小匙
黄油……50g
细砂糖……20g
盐……适量
牛奶……100mL

事先准备

· 将黄油切成边长1cm的小方块,放
  在冰箱中冷却备用。
· 在烤盘上铺上烘焙纸。
· 将烤箱预热至190℃。

模具 直径5.5cm的圆形无底模具

制作司康饼坯

1 在搅拌盆中筛入低筋粉和泡打粉。

刮板

2 加入细砂糖、盐,轻轻搅拌均匀。

3 加入冰硬的黄油,用刮板切拌,使黄油和粉类均匀混合在一起。

 低筋粉 200g 泡打粉 2小匙

 细砂糖 20g 盐 适量

POINT 动作要迅速、麻利。 黄油 50g

检验1

4 拌至图中状态即可。

5 加入牛奶,用刮板翻拌均匀,直至成为面团。

6 然后包上保鲜膜,放入冰箱冷藏30min。

HELP 由于黄油容易熔化,可用双手代替刮板,迅速翻拌。

 牛奶 100mL

 冷藏 30min

压模

7 在面案和擀面杖上撒些干面粉,把面团擀成3cm厚的面皮。

8 将模具沾上干面粉,在面皮上压出一个个小圆饼。

烘烤

9 放入烤盘,再放入预热至190℃的烤箱烘烤约20min。

 190℃ 20min

核桃全麦司康饼

这款甜品外形质朴, 口感酥松, 嚼得到天然麦香, 营养又健康。

80 min

食材 (8个核桃全麦司康饼的用量)

全麦面粉……200g

泡打粉……1小匙

黄油……50g

细砂糖……20g

盐……适量

牛奶……110mL

核桃仁……20g

事先准备

· 将黄油切成边长1cm的小方块, 放在冰箱中冷却备用。

· 将核桃仁切碎备用。

· 在烤盘上铺上烘焙纸。

· 将烤箱预热至190℃。

制作司康饼坯

1 在搅拌盆中筛入全麦面粉和泡打粉。

全麦面粉 200g	泡打粉 1小匙

刮板

2 加入细砂糖、盐,轻轻搅拌均匀。

细砂糖 20g	盐 适量

检验1

3 加入冰硬的黄油,用刮板切拌,使黄油和粉类均匀混合在一起。

POINT 动作要迅速、麻利。

黄油 50g

4 加入牛奶和核桃碎,用刮板翻拌均匀,直至成为面团。然后包上保鲜膜,放入冰箱冷藏30min。

牛奶 110mL	核桃仁 20g	冷藏 30min

成形

5 在面案和擀面杖上撒些干面粉,把面团擀成3cm厚的面皮,用刮板切成8个三角形。

烘烤

6 放入烤盘,再放入预热至190℃的烤箱烘烤约20min。

190℃ 20min

司康饼创意款

1 梅干司康饼

制作方法同上,只需将核桃仁替换为切碎的8颗梅干。

2 巧克力司康饼

制作方法同上,只需将核桃仁替换为50g白巧克力。

3 芝士司康饼

制作方法同上,只需将核桃仁替换为30g乳酪碎。

81

蓝莓玛芬

40 min

这款甜品很松软的内里,配上表面的奶酥,好吃到差点咬到舌头!

食材(6个直径6cm的蓝莓玛芬的用量)

黄油……60g

上等白糖……60g

鸡蛋……1个

A ┌ 低筋粉……120g
  └ 泡打粉……1小匙

B ┌ 蓝莓……60g
  └ 纯酸牛奶……1大匙

事先准备

· 把黄油放至室温软化。

· 把鸡蛋打成鸡蛋液。

· 把食材A掺在一起,过筛。

· 在模具里放上玛芬蛋糕纸杯。

· 将烤箱预热至180℃。

模具 直径6cm的玛芬模具

制作食材

1 在搅拌盆里加入黄油,用电动打蛋器打成霜状。

电动打蛋器

黄油 60g

2 加入上等白糖,搅打至发白。

上等白糖 60g

3 把鸡蛋液分三四次加入,每次加入都要搅拌均匀。

 POINT 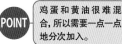 鸡蛋和黄油很难混合,所以需要一点一点地分次加入。 鸡蛋 1个

4 加入一半食材A,用橡皮刮刀搅匀,拌到没有干粉在外就行,不要过度搅拌。

橡皮刮刀

食材A 1/2分量

检验1

5 加入食材B拌匀,再加入剩下的食材A,一起翻拌均匀。

食材B 全部　食材A 1/2分量

烘烤

6 把食材等量放入纸杯内,放入预热至180℃的烤箱烘烤约20min。

 180℃ 20min

玛芬创意款

1 香蕉玛芬

参照上面的步骤1～3做好食材后,加入香蕉泥(1根香蕉分量)搅拌,不加上面的食材B,加入食材A拌匀后烘烤即可。

2 焦糖玛芬

不加上面的食材B,其余同上面的步骤1～5,参照p186做好焦糖汁后,加入一半拌匀后烘烤即可。

3 姜味柠檬玛芬

不加上面的食材B,其余同上面的步骤1～5,然后加入柠檬皮蓉(1个柠檬分量)、柠檬汁(1个柠檬分量)和5g姜末,拌匀后烘烤即可。

菠菜乳酪玛芬

 50 min

这款甜品诱人的绿色,配上香甜的奶酪,是不可多得的一款健康美味!

食材(6个直径6cm的菠菜乳酪玛芬的用量)

黄油……120g

上等白糖……60g

盐……1/2小匙

鸡蛋……2个

A ┌ 低筋粉……240g
  └ 泡打粉……2小匙

菠菜……100g

干酪……80g

事先准备

· 把黄油放至室温软化。

· 把鸡蛋打成鸡蛋液。

· 把食材A掺在一起,过筛。

· 把菠菜用浸湿的厨房纸包上,用微波炉加热1min。

· 将烤箱预热至180℃。

模具 直径6cm的玛芬模具或玛芬纸杯

制作食材

1 将菠菜滤水后切成2cm长的段,干酪切成边长1cm的小方块。

菠菜 100g	干酪 80g

电动打蛋器

2 在搅拌盆里加入黄油,用电动打蛋器打成霜状。

黄油 120g

检验1

3 加入上等白糖和盐,搅打至发白。

上等白糖 60g	盐 1/2小匙

4 把鸡蛋液分三四次加入,每次加入都要搅拌均匀。

鸡蛋 2个

橡皮刮刀

5 加入一半食材A,用橡皮刮刀搅匀,拌到没有干粉在外就行,不要过度搅拌。

食材A 1/2分量

6 加入菠菜和干酪拌匀,再加入剩下的食材A,一起翻拌均匀。

食材A 1/2分量

烘烤

检验2

7 拌至没有干粉在外后,用勺子把食材等量放入模具内,放入预热至180℃的烤箱烘烤约20min。

180℃ 20min

ENJOY

糕点装饰

利用烘焙中常用的鲜奶油和其他在市面上很容易买到的食材,可以进行各式各样的创意装饰。

鲜奶油

不同的颜色和裱花,会给人耳目一新的感受。

| 蓝莓玛芬 | 示例 |

把添加有食用色素的鲜奶油打发后,用喜欢的裱花嘴在玛芬蛋糕上裱花,然后装饰上银色糖粒和装饰用彩糖片即可。

使用食材
· 蓝莓玛芬
· 打发好的双色奶油
· 银色糖粒
· 装饰用彩糖片

| 海绵蛋糕 | 示例 |

用刀把海绵蛋糕削成半球形,边角料蛋糕用来做耳朵。把双色奶油装进裱花袋,用星形裱花嘴裱花,用巧克力做成小熊的眼睛、鼻子和嘴巴。

使用食材
· 海绵蛋糕
· 打发好的奶油
· 巧克力酱
· 用巧克力做成的眼睛、鼻子和嘴巴

市面上可以买到的装饰用品

巧克力装饰笔

几支小小的装饰笔,颜色多种多样,可以让你在蛋糕、饼干上写字或画画。简单的笑脸和复杂的蝴蝶,只要你能想到就能画出来。美丽变得简单,更能享受亲子的乐趣——很不错的一款蛋糕装饰工具!

装饰用彩糖片

曲奇、饼干和巧克力装饰中的常用食材,形状和颜色多种多样,常见的有圆形、心形、星形和花朵形。

银色糖粒

由糖与淀粉混制而成,是外层刷有可食用银粉的小糖粒。大小不一,有粉色和金色等多种颜色。撒在糕点上用以装饰。

巧克力装饰片

西点常用装饰,用巧克力制成,有着多种口味、颜色和形状。

糖霜

西式糖霜制作方法简单,且有很大的随意发挥空间。

基础糖霜

食材(易于制作的用量)

糖粉……40g

水……1小匙

在糖粉中加入水,混合搅匀成图中状态。

加入食用色素

用竹签蘸取食用色素,一点一点地混到基础糖霜里,调和成理想的颜色。

涂层用糖霜

涂在曲奇、饼干表面的糖霜要稀一些,用温水调成左图中的状态即可。

画画、勾边、写字用糖霜

画画、勾边、写字用糖霜要稠一些,如左图中的状态。

※可用圆锥形的纸卷筒装入糖霜来画画、写字。

花样曲奇 示例

在烤好的曲奇表面刷上彩色糖霜,完全干透之前用圆锥形蛋卷装入白色糖霜描绘图案。

使用食材
·烤好的曲奇
·白色糖霜
·3种彩色糖霜

马卡龙 示例

用白色糖霜和彩色糖霜在马卡龙表面分别勾画蕾丝图案,晾干凝固即可。

使用食材
·烤好的马卡龙
·白色糖霜
·彩色糖霜

※可用圆锥形的纸卷筒装入糖霜来画画、写字。

 糕点装饰

沙司

沙司种类很多,可以使甜品大放异彩。

蛋奶沙司

食材(易于制作的用量)

蛋黄……2个鸡蛋分量
细砂糖……30g
牛奶……150mL

蛋奶沙司中含有芡,常用于制作冰淇淋和牛奶冻。

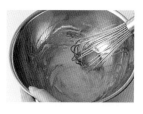

1 在搅拌盆里加入蛋黄和细砂糖,用手动打蛋器搅拌均匀。

2 一点一点淋入加热(未沸腾)的牛奶,搅拌均匀。

3 倒入小锅内,开中火。用橡皮刮刀不断搅拌,材料渐渐变黏稠,到全都黏稠变厚时关火,用手动打蛋器快速搅拌至光滑。

4 用滤网过滤后倒入搅拌盆里,隔冷水或冰水迅速冷却,使蛋奶沙司更具弹性。

覆盆子沙司

由于酸甜度刚好,覆盆子沙司是蛋糕、饼干、冰淇淋、牛奶冻制作中的一款万能果酱。鲜亮的深红色也使糕点更加诱人。

桃子果酱

酸甜度比较淡的一款果酱,淡淡的黄色也为甜品增添不少光彩。用来搭配磅蛋糕、冰淇淋和意式奶油布丁非常棒。

酸奶慕斯 示例

样式1　分别用两种沙司,用勺子随意滴出大小各异的点。

使用食材
·蛋奶沙司
·覆盆子沙司
·薄荷叶

样式2　用勺子滴出不同大小的圆点,用另一种沙司在这些圆点上再滴上稍小的圆点,用竹签稍稍划一下,勾勒出枝干的感觉。

使用食材
·同样式1

样式3　分别用两种沙司滴出较大的圆点,然后用勺背轻轻刮圆点,勾勒出逗号的感觉。

使用食材
·同样式1

巧克力酱

只需熔化巧克力就可制成巧克力酱,也是装饰糕点的一款"利器"。

温度调节

在巧克力熔化再凝固的过程中,温度的调节十分重要。

加入色拉油

在制作蛋糕和果酱的过程中,加入色拉油大有帮助。只需和其他食材混合均匀即可。

巧克力酱

食材(易于制作的用量)

巧克力……100g

1 在搅拌盆里加入切碎的巧克力,坐在50℃的热水里,利用水温熔化巧克力。

2 使热水温度保持在50℃,使巧克力的温度上升到45~50℃。

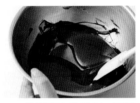

3 待温度上升到45~50℃时,把搅拌盆坐在冷水里,使巧克力的温度降到27~29℃。

4 温度下降后,再把搅拌盆坐在34℃的热水中,使巧克力的温度上升到30~34℃。

松露 示例

将白巧克力酱装入圆锥形蛋卷内,在松露上描绘图案,趁未干时,撒上银色糖粒即可。

使用食材
·松露
·白巧克力
·银色糖粒

戚风蛋糕 示例

在烤好的戚风蛋糕上淋上巧克力酱,然后在表面放上切成适当大小的坚果和水果干即可。

使用食材
·烤好的戚风蛋糕
·巧克力
·杏仁等坚果
·水果干

基市款 小贝壳（玛德琳蛋糕）

这款甜品外形可爱,口感香甜,伴有浓郁的柠檬香味,大人和孩子都爱不释手呀!

50 min

食材(9 ~ 12个小贝壳的用量)

鸡蛋……2个
细砂糖……80g
柠檬皮……1/2个柠檬分量
蜂蜜……1大匙
黄油……100g

A┌低筋粉……100g
 └泡打粉……1/2小匙

事先准备

- 把柠檬皮切成蓉。
- 把黄油放在耐热容器内,用微波炉加热1min。
- 把食材A掺在一起,过筛。
- 在模具上涂上一层黄油后,撒上薄薄的一层低筋粉,记得将多余的低筋粉磕掉,不要有大块的面疙瘩。
- 将烤箱预热至180℃。

模具　直径5cm的贝壳蛋糕模具

制作食材

手动打蛋器

1 在搅拌盆里加入鸡蛋液、细砂糖、柠檬皮蓉和蜂蜜，用手动打蛋器搅拌均匀。

2 筛入食材A，拌至没有干粉。

橡皮刮刀

3 把熔化的黄油用橡皮刮刀协助淋入，拌匀。

 鸡蛋 2个   细砂糖 80g   柠檬皮蓉 1/2个柠檬分量   蜂蜜 1大匙

食材A 全部

黄油 100g

4 覆上保鲜膜，放入冰箱冷藏30min。

倒入模具内烘烤

5 用勺子舀入模具内，七成满即可。

6 晃动几下模具，释放出多余的空气。放入预热至180℃的烤箱内烘烤12min。

冷藏 30min

180℃ 12min

脱模

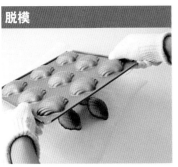

7 烤好后，倒扣模具，在台子上磕一下，使蛋糕脱模。

8 在冷却架上放凉即可。

创意款 抹茶小贝壳(抹茶玛德琳)

这款加入抹茶粉的玛德琳,更添馥郁醇香!

食材(9 ~ 12个抹茶小贝壳的用量)

鸡蛋……2个

细砂糖……80g

蜂蜜……1大匙

黄油……100g

A ┌ 低筋粉……100g
  │ 泡打粉……1/2小匙
  └ 抹茶粉……1小匙

红豆(熟)……适量

事先准备

· 把食材A掺在一起,过筛。

· 将鸡蛋打成鸡蛋液。

· 在模具上涂上一层黄油后,撒
  上薄薄的一层低筋粉,记得将多
  余的低筋粉磕掉,不要有大块
  的面疙瘩。

· 将烤箱预热至180℃。

模具 直径5cm的贝壳蛋糕模具

制作食材

1 在小锅里放入黄油,开中火。同时用手动打蛋器搅拌,煮成淡褐色。

手动打蛋器

MEMO 黄油不要煮过火。

黄油 100g

2 在搅拌盆里加入鸡蛋液、细砂糖和蜂蜜,用手动打蛋器搅拌均匀。

鸡蛋 2个 | 细砂糖 80g | 蜂蜜 1大匙

3 筛入食材A,拌至没有干粉。

食材A 全部

橡皮刮刀

4 把熔化的黄油用橡皮刮刀协助淋入,拌匀。

5 覆上保鲜膜,放入冰箱冷藏30min。

冷藏 30min

倒入模具

6 用勺子舀入模具内,七成满即可。

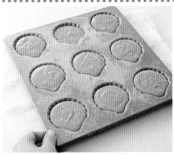

7 晃动几下模具,释放出多余的空气。

8 每团食材中央放上两三粒红豆。

红豆 适量

烘烤

9 放入预热至180℃的烤箱内烘烤12min。烤好后,倒扣模具,在台子上磕一下,使蛋糕脱模,在冷却架上放凉即可。

180℃ 12min

基本款 费南雪

这是一款外形为金条状的法国经典甜品。

60 min

食材（12个费南雪的用量）

蛋白……120g

细砂糖……85g

蜂蜜……25g

A ┌ 低筋粉……50g
　 └ 杏仁粉……50g

黄油……120g

事先准备

- 把食材A掺在一起，过筛。
- 在模具上涂上一层黄油后，撒上薄薄的一层低筋粉，记得将多余的低筋粉磕掉，不要有大块的面疙瘩。
- 将烤箱预热至180℃。

模具　费南雪专用模具

制作食材

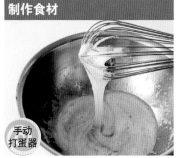

1 在搅拌盆里加入蛋白,用手动打蛋器打匀后,加入细砂糖、蜂蜜,继续搅打至细砂糖溶化。

手动
打蛋器

2 筛入食材A,搅拌均匀。

检验1

3 把黄油用小锅中火煮成焦黄色。

| 蛋白 120g | 细砂糖 85g | 蜂蜜 25g | 食材A 全部 | 黄油 120g |

4 离火,放至湿布巾上冷却。

5 慢慢淋入食材中,搅拌均匀。

倒入模具内烘烤

6 用勺子舀入模具内,九成满即可。晃动几下模具,释放出多余的空气。

MEMO 烤成焦黄色也可以,只要你喜欢那种微苦的味道。

7 放入预热至180℃的烤箱内烘烤13min,蛋糕成金黄色即可。

冷却

8 烤好后,倒扣模具,在台子上磕一下,使蛋糕脱模,在冷却架上放凉即可。

180℃
13min

基本款 唐纳滋

这款甜品的基本外形为圆形,中间有孔,玲珑可爱。

60 min

食材(6个直径6.5cm的唐纳滋的用量)

唐纳滋面坯

鸡蛋……1个

细砂糖……40g

A ┌ 牛奶……60mL
  └ 黄油……25g

B ┌ 低筋粉……220g
  └ 泡打粉……1小匙

装饰用

细砂糖粉……适量

事先准备

· 把食材B掺在一起,过筛。

· 把食材A放入耐热容器中,用微波炉加热30s。

模具 直径6.5cm的唐纳滋模具

制作食材

手动打蛋器

1 把鸡蛋打入搅拌盆,用手动打蛋器打匀后,加入细砂糖,继续搅打至细砂糖溶化。

鸡蛋 1个	细砂糖 40g

橡皮刮刀

2 加入食材A,搅拌均匀。然后筛入食材B,用橡皮刮刀翻拌均匀。

食材A 全部	食材B 全部

3 拌成面团,包上保鲜膜,放入冰箱冷藏30min。

冷藏 30min

压模

4 在面案和擀面杖上撒些干面粉,把面团擀成1.5cm厚的面皮。将模具沾上干面粉,在面皮上压出一个个唐纳滋面饼。

油炸

5 放入170℃的油锅内,炸至一面呈金黄色后,翻面继续炸。捞出后放在厨房纸上吸去多余油脂。

6 趁热撒上细砂糖粉。

细砂糖粉 适量

mini column

唐纳滋的种类

唐纳滋种类很多,口感各异。今天学习的这种是最经典的基本款。由于加入泡打粉的缘故,口感外酥内软。另外,也有使用酵母粉发酵的,口感有所不同。最近,烘烤而成的唐纳滋也面世了。

创意款 米粉唐纳滋

80 min

这款甜品是用粳米粉做成的唐纳滋,更加酥松可口。

食材(6个唐纳滋的用量)

唐纳滋面坯

鸡蛋……1个

细砂糖……40g

A ┌ 牛奶……60mL
  └ 黄油……35g

B ┌ 马铃薯淀粉……50g
  │ 粳米粉……150g
  └ 泡打粉……1小匙

植物油……适量

事先准备

· 把食材B掺在一起,过筛。

· 把食材A放入耐热容器中,用微波炉加热30s。

· 剪8张12cm×12cm的烘焙纸。

制作食材

手动打蛋器

1 把鸡蛋打入搅拌盆,用手动打蛋器打匀后,加入细砂糖,继续搅打至细砂糖溶化。

鸡蛋 1个	细砂糖 40g

橡皮刮刀

2 加入食材A,搅拌均匀。然后筛入食材B,用橡皮刮刀翻拌均匀。

食材A 全部	食材B 全部

检验1

3 拌至没有干粉即可。

POINT 和小麦粉不同,不用拌得特别潮湿。

4 包上保鲜膜,放入冰箱冷藏30min。

冷藏 30min

成形

5 在面案上撒些干面粉,把面团6等分,取1份分成8个小面团,分别团成小圆球,挨个儿摆在烘焙垫纸上成花环状。

检验2

6 1个完成后,双手稍微挤压一下面团,使之粘得更紧。

油炸

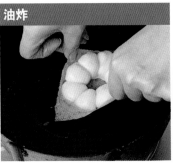

7 放入170℃的油锅内,炸至一面呈金黄色后,翻面继续炸。捞出后放在厨房纸上吸去多余油脂即可。

基市款 **法式薄饼**

这款甜品的制作方法简单,美味可口的西式小吃,可以随个人口味加上不同的果酱,口感更加丰富。

20 min

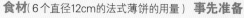

食材(6个直径12cm的法式薄饼的用量)

A
- 低筋粉……200g
- 泡打粉……2小匙
- 细砂糖……3大匙
- 盐……适量

B
- 鸡蛋……2个
- 牛奶……130mL
- 香草精……少许

有盐黄油……25g
色拉油……少许

事先准备

- 把食材A掺在一起,过筛。
- 把食材B混合打匀。
- 把黄油放入耐热容器中,用微波炉加热20s。

制作食材

手动打蛋器

1 在搅拌盆里加入食材A、食材B，用手动打蛋器搅打成细滑的糊状后，加入熔化的黄油，搅拌均匀。

食材A 全部	食材B 全部	黄油 25g

用平底锅煎烤

检验1

2 将平底锅用中火加热，放入少许色拉油。用勺子盛适量食材倒入锅内，小火加热至表面起泡并完全凝固。

3 翻面煎成浅褐色即可。

果酱的制作方法

1 草莓果酱

食材（易于制作的用量）
草莓……200g
上等白糖……120g
柠檬汁……1大匙

制作方法
1 在小锅内加入草莓、上等白糖，熬至草莓出水。
2 转为小火，沸腾2~3min，待果肉慢慢煮软，汤汁变得较稠时，加入柠檬汁，拌匀。
3 装入消过毒的密闭容器内保存即可。

2 猕猴桃果酱

食材（易于制作的用量）
猕猴桃……200g
上等白糖……120g
柠檬汁……1大匙

制作方法
1 把猕猴桃去皮，切成16等份。
2 在小锅内加入猕猴桃、上等白糖，小火熬煮。
3 沸腾3 ~ 5min，待果肉慢慢煮软，汤汁变得较稠时，加入柠檬汁，拌匀。
4 装入消过毒的密闭容器内保存即可。

3 牛奶果酱

食材（易于制作的用量）
牛奶……200mL
炼乳……30g
上等白糖……50g
盐……适量

制作方法
1 把所有材料放入小锅内，中火熬煮。
2 沸腾后转为小火，继续熬煮30 ~ 40min，待整体呈现出淡淡的焦糖色时关火。
3 装入消过毒的密闭容器内保存即可。

基本款 **可丽饼**

min

这款蛋奶口味的薄饼,质地松软有弹性,非常酥脆。

食材(4张直径18cm的可丽饼的用量)

可丽饼

A [低筋粉……50g
  上等白糖……1大匙
鸡蛋……1个
牛奶……100mL
黄油……10g
色拉油……少许

打发好的奶油

鲜奶油……100mL
上等白糖……1/2大匙
香草精……少许

配料

喜欢的水果……少许

事先准备

· 把食材A均匀搅拌,过筛。
· 把鸡蛋打成鸡蛋液。
· 把黄油放进耐热容器里,用微波炉
  加热10～20s。
· 把喜欢的水果切得大小适中。

102

制作食材

1 把过筛的食材A放进搅拌盆里,加入鸡蛋后,用手动打蛋器好好搅拌。

手动打蛋器

食材A 全部	鸡蛋 1个

2 边搅拌边加入牛奶,搅拌到上等白糖完全溶化。

牛奶 100mL

3 再加入熔化后的黄油,继续搅拌。

黄油 10g

4 用滤网过滤后,放入冰箱冷藏30min。

POINT 用平底锅煎搅拌好的食材。

冷藏 30min

用平底锅煎烤

5 加热平底锅,放入少许色拉油。然后把完全搅拌好的食材用匙子适量地舀入锅内,注意使用圆圆的匙子底将其薄薄地摊均匀。

6 将薄饼煎至呈黄色,用筷子翻过来快速煎另一面。用同样的步骤将剩余的食材煎好。

装饰

7 把奶油部分的食材全部倒入搅拌盆里,一边用冰块冷却搅拌盆,一边搅拌,至大概八成发(参照p17)。

手动打蛋器

鲜奶油 100mL	上等白糖 1/2大匙	香草精 少许

8 把搅拌好的奶油均匀地挤到可丽饼上,再放上自己喜欢的水果,然后卷好,即可食用。

创意款 牛奶可丽饼

120 min

这款牛奶可丽饼非常富有层次感。

食材(6张直径15cm的牛奶可丽饼的用量)

牛奶可丽饼

A ┌ 低筋粉……50g
　└ 上等白糖……1大匙

鸡蛋……1个

牛奶……100mL

黄油……10g

色拉油……少许

蛋奶冻

蛋黄……3个鸡蛋分量

细砂糖……55g

低筋粉……30g

牛奶……300mL

黄油……20g

香草精……少许

打发好的奶油

鲜奶油……100mL

细砂糖……10g

装饰用

草莓……适量

事先准备

· 把食材A搅拌均匀。

· 把鸡蛋打成鸡蛋液。

· 把黄油放进耐热容器里,用微波炉加热10~20s。

· 择掉草莓蒂,然后切成3mm厚的片。

制作蛋奶冻

1 和p64制作方法中的步骤10~15一样,制作蛋奶冻,然后放入冰箱冷藏60min左右。

冷藏
60min

煎牛奶可丽饼食材

2 和p103步骤1~4一样,制作牛奶可丽饼食材。

3 在平底锅里放入少许色拉油,煎6张直径15cm的牛奶可丽饼,然后放凉。

制作奶油

**手动
打蛋器**

4 把鲜奶油和细砂糖放入搅拌盆里,边用冰块冷却边搅拌至七成发左右(p17)。

鲜奶油	细砂糖
100mL	10g

**橡皮
刮刀**

5 把步骤1的蛋奶冻和步骤4的奶油放入搅拌盆里,用橡皮刮刀搅拌。

装饰

6 取出一张牛奶可丽饼,用步骤5的食材轻轻涂抹一层,然后放上切好的草莓片。

7 把步骤5的食材反复涂抹四次左右,然后再覆盖一层牛奶可丽饼,最后用保鲜膜包好,放入冰箱冷藏30min左右。

POINT 冷藏后比较容易切开食用。

冷藏
30min

---

mini column

从奶味煎饼到甜馅饼

在奶味煎饼的原产地法国的布列塔尼,用荞麦粉制作的奶味煎饼被俗称为一般的甜馅饼。因为制作甜馅饼的食材都不含有甜味,所以可以添加奶酪、鸡蛋之类的食材作为主食,也可以涂抹果酱当作甜品食用。另外我们还可以尝试把奶味煎饼食材中的细砂糖去除,把低筋粉变成荞麦粉,更有一番风味。

甜味马铃薯

这款甜品富有橙汁的甜味,整体感觉口味清爽。

60 min

食材(8个直径7cm的甜味马铃薯的用量)

甜味马铃薯

马铃薯……400g

黄油……20g

上等白糖……2大匙

橙汁(100%纯果汁)……2大匙

蛋黄……1个鸡蛋分量

鲜奶油……2大匙

朗姆酒……1小匙

上色用

A ┌ 蛋黄……1个鸡蛋分量
  └ 水……2小匙

事先准备

· 把食材A搅拌均匀。

· 把烤箱预热到200℃。

模具 直径7cm的铝箔杯

制作食材

1 马铃薯去皮后,切成5mm厚的圆薄片,在水中浸泡15min。

2 把控过水的马铃薯片放入耐热的搅拌盆中,加入黄油、上等白糖、橙汁,盖上保鲜膜。放入微波炉加热7min左右。

马铃薯 400g		黄油 20g	上等白糖 2大匙	橙汁 2大匙

手动打蛋器

3 把蛋黄和鲜奶油放入搅拌盆中,用手动打蛋器搅拌均匀。

蛋黄 1个鸡蛋分量	鲜奶油 2大匙

4 把加热好的步骤2的食材用食物调理机搅碎之后,加入步骤3的食材,再进行搅拌。

5 加入朗姆酒轻轻搅拌。

 MEMO 不喜欢酒的人,可以不加朗姆酒。 | 朗姆酒 1小匙 |

成形

6 放入裱花袋中,挤到铝箔杯中。

7 把上色用的食材A用刷子涂在其表面。

烘烤

8 用200℃的烤箱烘烤15～20min。烤好后放到冷却架上凉至常温。

 POINT 涂食材A时注意轻轻涂抹,不要破坏其形状。 | 食材A 全部 |

 200℃ 15~20min

107

创意款 **甜味南瓜派**

这款甜品看上去像南瓜，非常可爱。

60 min

食材（9个甜味南瓜派的用量）

甜味南瓜派

南瓜……400g

黄油……20g

上等白糖……2大匙

蛋黄……1个鸡蛋分量

鲜奶油……2大匙

肉桂粉……少许

上色用

A 蛋黄……1个鸡蛋分量
　水……2小匙

装饰用

咸味饼干……9块

南瓜子……9粒

事先准备

· 把食材A搅拌均匀。

· 把烤箱预热到200℃。

制作食材

1 把南瓜去皮、去瓤、去子后,切成5mm厚的薄片。

南瓜 400g

2 把控过水的南瓜片放入耐热搅拌盆中,加入黄油、上等白糖,盖上保鲜膜。放入微波炉加热7min左右。

黄油 20g	上等白糖 2大匙

手动打蛋器

3 把蛋黄、鲜奶油、肉桂粉放入搅拌盆中,用手动打蛋器搅拌均匀。

蛋黄 1个鸡蛋分量	鲜奶油 2大匙	肉桂粉 少许

4 把加热好的步骤2的食材用食物调理机搅碎。

5 加入步骤3的食材,再进行搅拌。

成形

6 放入裱花袋中,挤到咸味饼干上。

POINT 南瓜派高度为4cm,易于成形。

咸味饼干 9块

7 把上色用的食材A用刷子涂在其表面,放入200℃的烤箱烘烤20min。

8 烤好后放到冷却架上凉至常温。插上南瓜子。

食材A 全部	

南瓜子 9粒

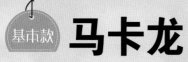 **马卡龙**

这款甜品可制作成原味系列和抹茶系列。

120 min

食材（原味系列和抹茶系列各12个的用量）

马卡龙

蛋白……2个鸡蛋分量

细砂糖……80g

A ┌ 杏仁粉……90g
  └ 细砂糖粉……90g

抹茶粉……1小匙

夹心馅

黄油……100g

细砂糖……10g

蛋白……2个鸡蛋分量

细砂糖……20g

覆盆子果酱……1大匙

事先准备

· 将黄油放至室温软化。

· 把食材A搅拌均匀。

· 在烤盘上铺上烘焙纸。

· 把烤箱预热到200℃。

制作食材

1 把蛋白倒入搅拌盆里，分三次放入细砂糖，用电动打蛋器将其搅拌均匀。

电动打蛋器

| 蛋白 2个鸡蛋分量 | 细砂糖 80g |

2 把食材A倒入，用橡皮刮刀搅拌均匀。

橡皮刮刀

| 食材A 全部 |

3 把食材均分成两份，其中一份放入抹茶粉，然后将其均匀搅拌好。

POINT 搅拌时注意用力适当。

| 抹茶粉 1小匙 |

成形

4 把做好的食材放入裱花袋里，在烤盘上挤24个直径3cm左右的圆饼糊。

5 放置30~35min后，轻轻触摸，确认表面是否已经固定成形。

检验1

POINT 通过晾干可使圆饼的四周定形。

烘烤

6 放入预热至200℃的烤箱烘烤3min，然后把烤箱温度降到140℃，再烘烤15min左右。

200℃ 3min → 140℃ 15min

7 把烤盘上完全凉好的圆饼全部揭掉。

涂抹夹心馅

8 同p47步骤3~6，制作夹心馅。将制作好的夹心馅的一半和覆盆子果酱均匀混合搅拌。

覆盆子果酱 1大匙

9 将夹心馅放入裱花袋里，挤到抹茶圆饼上，再放一块抹茶圆饼。把掺有覆盆子果酱的夹心馅挤到原味圆饼上，再放一块原味圆饼。这样就做成了马卡龙。

罗氏巧克力

这款甜品含有丰富的椰子粉，呈蛋白霜状。

150 min

食材(16个罗氏巧克力的用量)

椰子末……70g

蛋白……2个鸡蛋分量

细砂糖……60g

事先准备

· 在烤盘上铺上烘焙纸。

· 把烤箱预热到100℃。

制作食材

1 用平底锅炒椰子末,直到散发出香味。

2 把蛋白倒入搅拌盆里,分三次放入细砂糖,用电动打蛋器将其搅拌均匀。

3 把椰子末倒入搅拌盆中,用橡皮刮刀搅拌均匀。

椰子末
70g

蛋白
2个鸡蛋分量

细砂糖
60g

POINT 注意搅拌时,保持椰子末掺和蛋白霜的形态。

成形

4 用两个匙子把食材弄成圆形,放在烤盘上,注意保持间隔。

烘烤

5 用100℃的烤箱烤110 ~ 120min。

POINT 烤好后仍然放在烤箱中,等到完全干酥后再拿出食用。

100℃
110~120min

mini column

椰子使用分类

所谓椰子末,就是去掉椰子果肉的水分任其干燥,然后切成1 ~ 2cm长的细丝状。另外,干燥的果肉可以制作成椰子粉;还可把椰子的果实切碎,榨挤制作成椰子汁。椰子汁可以配合冰凉类甜品及其他烘烤类甜品一起使用。

基本款 杏仁瓦片

这款甜品呈瓦片状,咔哧咔哧脆的甜饼干。

100 min

食材(约45片杏仁瓦片的分量）

细砂糖 ……100g

低筋粉 ……40g

蛋白 ……2个鸡蛋分量

黄油 ……25g

杏仁薄片 ……20g

事先准备

· 过筛低筋粉。

· 把黄油放入耐热容器中,用
  微波炉加热20s左右。

· 在烤盘上铺上烘焙纸。

· 把烤箱预热到170℃。

制作食材

1 把细砂糖、低筋粉放入搅拌盆里。

手动
打蛋器

2 加入蛋白,用手动打蛋器搅拌均匀。

3 加入熔化的黄油,再搅拌均匀。

细砂糖	低筋粉	蛋白	黄油
100g	40g	2个鸡蛋分量	25g

橡皮
刮刀

4 加入杏仁薄片,用橡皮刮刀慢慢搅拌均匀,注意不要破坏杏仁薄片的形状。

杏仁薄片
20g

5 在小盆上盖上一层保鲜膜,放入冰箱冷藏30min左右。

冷藏
30min

成形

6 把冷藏好的食材间隔5cm左右用小匙放到烤盘上。

检验1

7 用蘸水的叉子把烤盘上的食材摊成直径5cm左右的圆形。

烘烤

8 用170℃的烤箱烘烤8min左右。

9 烤好后,马上拿出来,用面棒卷成半圆形。

MEMO 食材可分五次烘烤。

170℃
8min

水果的前期处理方法

接下来介绍甜品中不可或缺的搭配品——水果的处理方法。

草莓系列的水果

处理方法
用刷子去污

草莓系列的水果,去皮容易破坏水果的香甜味,也不可单纯水洗去污。可一边用水冲洗,一边用刷子一点一点小心去污。尤其要注意草莓蒂部周围的脏处。

切割方法

用刀去除草莓的蒂部。

然后竖着切成所需的厚度。一般点心都用7mm厚的。

橙子等柑橘类水果

切割方法

处理方法 好好冲洗

首先用清水好好冲洗。如果比较在意表层的石蜡,可用少许的盐继续揉搓洗净。

用刀去皮,注意果肉外部的皮尽量削掉。

沿着瓣处,一瓣一瓣地把果肉切开。

柑橘类水果皮的使用方法

如想使用柑橘类水果的皮,注意只取其表层非常薄的一层皮,因为白色的部分比较苦。另外为了保留其香味,使用果肉前取其皮。

香蕉

处理方法
撒上柠檬汁

切香蕉时,颜色容易慢慢变黑。如果切开的香蕉不及时使用,可洒柠檬汁,因为柠檬汁可防止变色。

切割方法

去皮并去除白色的丝,切成圆形,也可斜切成薄片。

Part 3

能让你成为甜品达人的

果料派

带有派皮和馅料的果料派，只要记着烹饪小贴士，

简单易成，即使初学者也能成功制作。

基本款 水果派

这款甜品含有丰富的鲜奶油和水果, 味美可口。

食材(1个直径21cm的水果派的用量)

派皮

黄油……80g

细砂糖粉……40g

盐……适量

蛋黄……1个鸡蛋分量

牛奶……1/2小匙

低筋粉……140g

打发好的奶油

鲜奶油……60mL

细砂糖……1小匙

蛋奶冻

蛋黄……3个鸡蛋分量

细砂糖……55g

低筋粉……30g

牛奶……300mL

香草豆荚……1/2根

黄油……20g

上色用

粉状明胶……10g

A ┌ 细砂糖……2大匙
　└ 水……80mL

装饰用

草莓等水果……各适量

事先准备

· 将黄油放至室温软化。

· 把蛋黄搅拌均匀。

· 过筛低筋粉。

· 用刀把香草豆从豆荚中取出, 豆荚皮也可使用。

· 把粉状明胶浸泡到3大匙冷水中。

· 把水果切碎。

模具　直径21cm的圆形托盘

制作派皮食材

橡皮
刮刀

1 把黄油、细砂糖粉、盐放入搅拌盆里,用橡皮刮刀均匀混合。

黄油 80g	细砂糖粉 40g	盐 适量

2 把蛋黄液分次倒入,再继续混合搅拌。

蛋黄 1个鸡蛋分量

检验1

3 分别加入牛奶、低筋粉,继续搅拌。

牛奶 1/2小匙	低筋粉 140g

4 裹上保鲜膜,放入冰箱冷藏60min左右。

冷藏
60min

做成圆形饼

5 为防止黏附,在面案和擀面杖上撒上干面粉,擀成3mm厚的圆形饼。

6 把圆形饼卷在擀面杖上,然后盖在托盘上。

7 用手把圆形饼的底部和边缘捻平。

8 用擀面杖把托盘上多余的部分擀压掉。

9 用叉子插上孔,盖上保鲜膜,放入冰箱冷藏15min左右。

 POINT 因为烘烤时,圆形饼会膨胀,所以一定要注意形状和托盘吻合。

冷藏
15min

10 在圆形饼的内侧铺上烘焙纸后放上镇石（p140），用170℃的烤箱烘烤20min左右。

170℃
20min

11 拿掉镇石和烘焙纸，再烘烤5min左右，表面呈黄色时，果料派的派皮就做好了。

170℃
5min

制作蛋奶冻

12 把牛奶、香草豆、豆荚皮放入小锅里，煮到接近沸腾。

牛奶 300mL | 香草豆荚 1/2根

手动打蛋器

13 把蛋黄、细砂糖放入搅拌盆里，用手动打蛋器搅拌均匀。

蛋黄 3个鸡蛋分量 | 细砂糖 55g

14 加入低筋粉，用手动打蛋器搅拌均匀，把步骤12的食材边倒入边搅拌。

低筋粉 30g

15 用滤网过滤到小锅里。

检验2

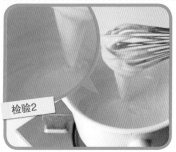

16 一边用中火煮，一边用手动打蛋器搅拌，直至食材平滑。

17 关火，加入黄油好好搅拌。

黄油 20g

18 倒入方平底盘里，盖上保鲜膜。稍微凉一下，然后放到冰箱里冷藏60min左右。

冷藏
60min

混合打发好的奶油

手动打蛋器

19 把鲜奶油和细砂糖放入搅拌盆里,一边用冰水冷却,一边搅拌至九成发(p17)。

鲜奶油 60mL	细砂糖 1小匙

橡皮刮刀

20 把蛋奶冻放入搅拌盆里,用橡皮刮刀搅拌均匀,然后和打发好的奶油混合起来。

POINT 把两种食材调制成均匀厚度,容易混合。

装饰

21 把步骤20的食材放入派皮里,摊均匀,放上自己喜欢的水果。

水果 适量

手动打蛋器

22 把浸泡后的明胶放入耐热容器里,用微波炉加热20s左右使其溶化。加入食材A,用手动打蛋器搅拌好。

粉状明胶 10g	食材A 全部

23 用刷子把步骤22的食材涂到水果上,放入冰箱冷藏30min左右。有薄荷的话,也可点缀上。

冷藏 30min

剩余的食材可制作 # 迷你果料派

食材
剩余的派皮食材……适量
果料派用奶油……适量
草莓等个人喜欢的
水果……适量

制作方法
1 把剩余的派皮食材镶嵌到直径5cm的果料派托盘里。
2 用180℃的烤箱烘烤20min左右。
3 放入奶油和个人喜欢的水果。有香芹的话,也可点缀上。

创意款 香蕉椰子果料派

这款甜品采用简单的食材,美味的搭配。

食材(1个直径21cm的香蕉椰子
　　　果料派的用量)

派皮

黄油……80g

细砂糖粉……40g

盐……适量

蛋黄……1个鸡蛋分量

牛奶……1/2小匙

低筋粉……140g

馅料

蛋黄……3个鸡蛋分量

细砂糖……75g

鲜奶油……150mL

装饰用

香蕉……1根

椰子条……25g

※把椰子切成长1~2cm的条。

事先准备

· 将黄油放至室温软化。

· 过筛低筋粉。

· 把香蕉切成1.5cm的厚度。

· 把烤箱预热到170℃。

模具 直径21cm的圆形托盘

制作派皮食材

1 同p119步骤1~9,制作派皮食材并放进托盘里。然后在食材上铺上烘焙纸,再放上镇石(p140),用170℃的烤箱烘烤10min左右。

170℃ / 10min

制作馅料

手动打蛋器

2 把蛋黄、细砂糖放入搅拌盆里,用手动打蛋器搅拌均匀。

蛋黄 3个鸡蛋分量 | 细砂糖 75g

3 加入鲜奶油,搅拌直至均匀光滑。

鲜奶油 150mL

4 用滤网过滤。

MEMO 使用鸡蛋后,口感会更好,但要经过过滤。

倒入托盘里烘烤成形

5 倒入去除镇石和烘焙纸的步骤1的托盘里,放上香蕉片、椰子条。

香蕉 1根 | 椰子条 25g

6 用170℃的烤箱烘烤40min左右。如表面烤焦的话,盖上铝箔后继续烘烤。

170℃ / 40min

---

mini column

香蕉的种类

香蕉是人们最常食用的水果之一。最受欢迎的当属巨大"卡文迪许"品种的香蕉,果实丰富柔软、略带甜味;还有小香蕉,皮薄味甜。香蕉成熟的程度不同,甜味也不同,制作甜品时可使用细砂糖来调节其甜味。

柠檬果料派

140 min

这款甜品使用柠檬凝乳制作而成,柔软美味,备受法国人喜欢。

食材(1个直径21cm的柠檬果料派的用量)

派皮
黄油……80g
细砂糖粉……40g
盐……适量
蛋黄……1个鸡蛋分量
牛奶……1/2小匙
低筋粉……140g

柠檬凝乳
柠檬汁……80mL
细砂糖……120g
鸡蛋……2个
黄油……80g

装饰用
开心果……5g

事先准备
· 将黄油放至室温软化。
· 过筛低筋粉。
· 把开心果简单地切一下。
· 把烤箱预热到170℃。

模具 直径21cm的圆形托盘

制作派皮食材

1 同p119步骤1~9, 制作派皮食材并放进托盘里烘烤。

制作柠檬凝乳

手动打蛋器

2 把柠檬汁、细砂糖、鸡蛋放入搅拌盆里, 边用小火煮边用手动打蛋器搅拌均匀。

检验1

3 注意: 在不煮煳的同时,加热要均匀。

柠檬汁 80mL	细砂糖 120g	鸡蛋 2个

4 用滤网过滤到搅拌盆里。

5 加入黄油,整体搅拌均匀。

6 边搅拌边用冰块冷却到和人的体温差不多。

黄油 80g

MEMO 这种含有柠檬酸味的蛋奶冻称为柠檬凝乳。

放入圆形托盘里

7 把步骤6的食材倒入烘烤好的圆形派皮上,并将其摊平。

8 上面装饰切过的开心果。

开心果 5g

巴旦木派

这款甜品使用巴旦木奶油即可制作出醇正的口味。

160 min

食材(1个直径21cm的巴旦木派的用量）

派皮
黄油……80g
细砂糖粉……40g
盐……适量
蛋黄……1个鸡蛋分量
牛奶……1/2小匙
低筋粉……140g

巴旦木奶油
黄油……100g
细砂糖……100g
鸡蛋……2个
巴旦木粉……100g

装饰用
巴旦木片……30g

事先准备

· 将黄油放至室温软化。

· 过筛低筋粉。

· 把鸡蛋打成鸡蛋液。

· 过筛巴旦木粉。

· 把烤箱预热到170℃。

模具　直径21cm的圆形托盘

制作派皮食材

1 同p119步骤1～9,制作派皮食材并放进托盘里。在食材上铺上烘焙纸后放上镇石(p140),用170℃的烤箱烘烤10min左右。

170℃
10min

制作巴旦木奶油

橡皮
刮刀

2 把黄油、细砂糖放入搅拌盆里,用橡皮刮刀搅拌均匀。

 黄油
100g 细砂糖
100g

3 分两三次加入打好的鸡蛋液,搅拌直至均匀光滑。

鸡蛋
2个

4 把巴旦木粉过滤到搅拌盆中后,继续搅拌。

 巴旦木粉
100g

检验1

5 直至搅拌到均匀光滑、没有疙瘩,巴旦木奶油就制作好了。

倒入托盘里烘烤成形

6 把步骤5的食材放入裱花袋里,然后装上圆形的裱花嘴,在去除镇石和烘焙纸的托盘中心处呈旋涡状挤出。

 POINT 裱花嘴的直径最好为14mm左右。

7 最上方放上巴旦木片。

 巴旦木片
30g

8 用170℃的烤箱烘烤30min左右。

 170℃
30min

蓝莓奶酪派

这款甜品上浓厚的奶酪配上爽口的蓝莓,味美至极。

170 min

食材(1个直径21cm的蓝莓奶酪派的用量)

巴旦木派

黄油……80g

细砂糖粉……40g

盐……适量

蛋黄……1个鸡蛋分量

牛奶……1/2小匙

低筋粉……140g

黄油……100g

细砂糖……100g

鸡蛋……2个

巴旦木粉……100g

巴旦木片……30g

奶酪奶油

奶油奶酪……80g

细砂糖……20g

鲜奶油……120mL

装饰用

蓝莓……130g

事先准备

· 将黄油放至室温软化。

· 过筛低筋粉。

· 把鸡蛋打成鸡蛋液。

· 过筛巴旦木粉。

· 把烤箱预热到170℃。

· 将奶油奶酪放至室温软化。

模具 直径21cm的圆形托盘

因为要放入馅料,所以要使用容易取出巴旦木派的模具。

烘烤巴旦木派

1 同p127烘烤一个巴旦木派,凉凉之后放入冰箱里。

制作奶酪奶油

橡皮刮刀

2 把奶油奶酪、细砂糖放入搅拌盆里,用橡皮刮刀搅拌均匀。

 奶油奶酪 80g　 细砂糖 20g

检验1　手动打蛋器

3 把鲜奶油放入另外一个搅拌盆里,边用冰块冷却边用手动打蛋器搅拌至九成发(p17)。

POINT 鲜奶油的柔软度和步骤2的差不多。　 鲜奶油 120mL

橡皮刮刀

4 把打发的鲜奶油分三次放入步骤2的搅拌盆里,并用橡皮刮刀搅拌均匀。

装饰

5 把步骤4的食材放入裱花袋里,挤到巴旦木派上。

6 把蓝莓装饰到最上面,如有薄荷叶也可点缀上。

蓝莓 130g

---

mini column

奶酪的种类不同, 口感也不同

奶油奶酪是一种不发酵、新鲜的奶酪。换成其他新鲜的奶酪也可制作奶酪奶油。意大利莫扎里拉奶酪接近鲜奶油,但是口味更浓厚。使用脱脂奶酪的话,更容易制作成爽口的鲜奶油。

苹果派

基本款

这款甜品口感酥软,味美至极。

200 min

食材(1个直径21cm的苹果派的用量)

派皮

A ⎡ 低筋粉……150g
  ⎣ 高筋粉……50g

盐……1/2 小匙

冷水……110mL

黄油……150g

馅料

B ⎡ 苹果……2个
  ⎣ 细砂糖……40g

黄油……15g

柠檬汁……1大匙

饼干……60g

肉桂粉……少许

上色用

搅匀的鸡蛋液……1个鸡蛋分量

事先准备

· 把派皮食材中的黄油用冰箱冷藏起来。
· 把食材A混合后放入冰箱冷藏。
· 把饼干放入食品用塑料袋里,用擀面杖擀碎。
· 取出苹果核,连皮平均切成8瓣。
· 把烤箱预热到200℃。

模具 直径21cm的派类甜品用小盘

制作派皮食材

1 把食材A和盐放入搅拌盆里，中间挖一个坑，倒入冷水，然后和到不粘手。

2 把步骤1的食材做成一个面团，表面用刀刻十字。盖上保鲜膜，放入冰箱冷藏60min左右。

3 把黄油放入食品用塑料袋里，用擀面杖擀成边长15cm的正方形。

 食材A 全部 盐 1/2 小匙 冷水 110mL

POINT 和面时，注意不要和得过度，以免没有弹性。

冷藏 60min

 黄油 150g

4 为避免面团粘，给面案和擀面杖撒上面粉，把步骤2的面团如图所示掰开。

5 用擀面杖擀平，比步骤3的黄油要大一圈。

检验1

6 把步骤3的黄油斜放到步骤5的面片上，边缘处用手指捏合好。

7 撒上面粉，用擀面杖竖着擀至原来的3倍长。

8 把步骤7的面片如图所示从上面和下面的1/3处对折。

9 把对折后的面片旋转90°。

POINT 擀面团时，用力均匀，从中间向外擀。

MEMO 注意：如果面粉过多，用刷子刷掉，否则面片会干裂。

10 把步骤7～9再反复操作两次。

11 盖上保鲜膜，放入冰箱冷藏30min左右。

冷藏
30 min

➡

制作馅料

木铲子

12 把黄油熔化到放有食材B的锅里，用大火煮，用木铲子翻动。苹果煮出水后加入柠檬汁。

 黄油 15g
 食材B 全部
 柠檬汁 1大匙

检验2

13 煮10min左右，为了煮干水分，时不时地搅拌。

POINT 为了使苹果派酥软可口，一定要把馅料的水分煮干。

倒入托盘里成形

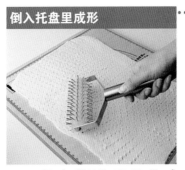

14 把步骤11的面团擀成25cm×40cm（厚3mm）的大小，用凹凸滚轴全部扎上孔。

MEMO 注意：扎上孔，防止过度膨胀。

15 把面片切成两份，用擀面杖卷起一半放入派类点心用小盘里，四周多余的部分用剪刀剪掉。

POINT 孔容易张开，不要用手过度触摸。

16 铺上擀碎的饼干，如图所示摆上苹果瓣，然后撒上肉桂粉。

饼干 60g
肉桂粉 少许

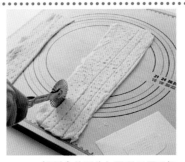

17 把剩余的面片如图所示用刀切成宽1.5～2cm的长条。

18 把面条盖到步骤16的食材上，用刷子刷上搅匀的鸡蛋液使其黏合到一起。

HELP 盖上面条。

 鸡蛋液 1个鸡蛋分量

检验3

19 边缘部分也盖上面条，多余部分用剪刀剪掉，用手指摁平，盖上保鲜膜，放入冰箱冷藏15min左右。

冷藏
15min

20 烘烤前在派皮上用刷子涂抹搅匀的鸡蛋液。

21 用200℃的烤箱烘烤20min左右，直到派皮呈浅浅的颜色。把温度调到180℃，再烘烤30min左右。

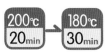

200℃ 20min → 180℃ 30min

22 烘烤完后，放到冷却架上自然凉凉。

剩余的食材可制作 **奶酪派**

食材
剩余的派皮食材……适量
奶酪粉……适量

制作方法
1 在剩余的派皮食材上扎上孔，切成条状，撒上奶酪粉。
2 把步骤1的食材拧三次成形。
3 用200℃的烤箱烘烤15min左右。

创意款 千层派

210 min

这款甜品口感酥软,味美可口。

食材(2个6cm×16cm的千层派的用量)

派皮

A ┌ 低筋粉……150g
  └ 高筋粉……50g

盐……1/2小匙

冷水……110mL

黄油……150g

奶油

蛋黄……3个鸡蛋分量

细砂糖……55g

低筋粉……30g

牛奶……300mL

黄油……20g

香草精……少许

鲜奶油……100mL

馅料

桃子……2个

黄油……1小匙

细砂糖……1大匙

无花果……1个

细砂糖粉……适量

事先准备

· 把派皮食材中的黄油用冰箱冷藏起来。

· 把食材A混合后放入冰箱冷藏。

· 过筛制作奶油用的低筋粉。

· 桃子去皮后平均切成8瓣,无花果也一样去皮切成8块。

· 在烤盘上铺上烘焙纸。

· 把烤箱预热到200℃。

制作派皮食材

1 用p131、p132步骤1~11，制作派皮食材，放入冰箱冷藏30min。

冷藏
30min

制作奶油

2 参考p120、p121步骤12~20制作奶油，放入冰箱冷藏。

制作馅料

3 把黄油、细砂糖放入平底锅内，用中火炒。

黄油 | 细砂糖
1小匙 | 1大匙

检验1

4 步骤3的食材呈茶色时，把桃子放入一起炒。

POINT 为使桃子不留水分，要充分炒。

桃子
2个

5 炒好后移到方平托盘里，凉凉后放入冰箱冷藏30min。

冷藏
30min

烘烤派皮食材

6 把派皮食材的面团用擀面杖擀成20cm×35cm（厚3mm）的大小，用叉子全部扎上孔。然后切出6块5cm×15cm的长面条。

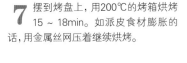

7 摆到烤盘上，用200℃的烤箱烘烤15 ～ 18min。如派皮食材膨胀的话，用金属丝网压着继续烘烤。

200℃
15~18min

装饰

8 放一块烤好的派皮食材，把步骤2的奶油用裱花袋挤上去，然后交叉放5片桃子和无花果。

无花果
1个

9 重复步骤8，摆放第二层，最上面撒上细砂糖粉。

细砂糖粉
适量

135

圣女果派

190 min

手工制作派皮食材，搭配清爽可口的水果，味美至极。

食材（1个直径21cm的圣女果派的用量）

派皮※以下食材的分量使用一半即可。

A ┌ 低筋粉……150g
  └ 高筋粉……50g

盐……1/2小匙

冷水……110mL

黄油……150g

馅料

鸡蛋……1个

B ┌ 牛奶……40mL
  └ 鲜奶油……100mL

盐、胡椒……各少许

肉豆蔻……少许

配料

C ┌ 熏咸肉（块状）……70g
  │ 经加工的干酪……70g
  └ 绿色芦笋……3根

圣女果……5个

巴马干酪……20g

事先准备

· 把黄油用冰箱冷藏起来。

· 把食材A混合后放入冰箱冷藏。

· 把熏咸肉、经加工的干酪切成边长1cm的块状。

· 芦笋去皮后，用油纸包起来放入微波炉加热1min，然后切成边长1cm的块状。

· 把圣女果从中间切开。

· 把烤箱预热到190℃。

模具　直径21cm的圆形托盘

制作派皮食材

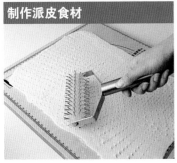

1 同p131、p132步骤1~11制作派皮食材,擀成3mm厚,使用一半即可,然后扎上孔。

烘烤派皮食材

2 用擀面杖把步骤1的食材卷起放入托盘里。

3 盖上保鲜膜,放入冰箱冷藏15min左右。

冷藏
15min

4 在派皮上铺上烘焙纸,放上镇石(p140),用190℃的烤箱烘烤15~20min。

190℃
15~20min

5 派皮呈浅金黄色时,拿掉镇石,再以190℃继续烘烤5min左右。

190℃
5min

制作馅料

手动打蛋器

6 把鸡蛋打到搅拌盆里,加入食材B搅拌均匀,放入盐、胡椒、肉豆蔻拌匀。

鸡蛋 1个 | 食材B 全部 | 盐、胡椒 各少许 | 肉豆蔻 少许

放入托盘里烘烤

7 把食材C放入烘烤好的派皮上,把步骤6的食材也倒入派皮里。

食材C 全部

8 把圣女果、巴马干酪散放在上面,用160℃的烤箱烘烤30min左右。

圣女果 5个 | 巴马干酪 20g | 160℃ 30min

9 烤好后,放到冷却架上自然凉凉。

创意款 迷你一口派

这款甜品形状迷你，口味极好。

160 min

食材（12个迷你一口派的用量）

派皮 ※以下食材的分量使用一半即可。

A ┌ 低筋粉⋯⋯150g
  └ 高筋粉⋯⋯50g

盐⋯⋯1/2小匙

冷水⋯⋯110mL

黄油⋯⋯150g

奶油

蛋黄⋯⋯1½ 个鸡蛋分量

细砂糖⋯⋯27g

低筋粉⋯⋯15g

牛奶⋯⋯150mL

黄油⋯⋯10g

香草精⋯⋯少许

B ┌ 鲜奶油⋯⋯50mL
  │ 樱桃白兰地⋯⋯1/2小匙
  └ 细砂糖⋯⋯1/2小匙

装饰用

覆盆子、蓝莓等个人喜欢的

水果⋯⋯各适量

事先准备

· 把派皮食材中的黄油用冰箱冷藏起来。

· 把食材A混合后放入冰箱冷藏。

· 过筛制作奶油用的低筋粉。

· 在烤盘上铺上烘焙纸。

· 把烤箱预热到200℃。

模具 直径6cm和4cm的花形饼干模具

制作奶油

1 参考p120、p121步骤12~20制作奶油,放入冰箱冷藏。

派皮食材成形

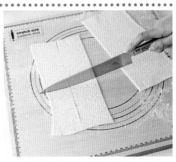

2 同p131、p132步骤1~11制作派皮食材,擀成3mm厚,使用一半即可,然后扎上孔。

3 把步骤2的食材分为两半后,切成6个边长6cm的方块。

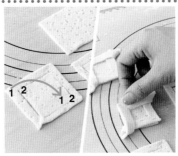

4 把步骤3的食材如图所示用刀在两对角刻上造型。

5 如图所示在1处沾上水,贴到对角的1处,标2的地方也一样,使之交叉。

6 步骤3剩余的食材,用直径6cm的菊花模具压8个。

7 步骤6中,其中4个用直径4cm的菊花模具压后,取走中间部分,然后用水粘贴在直径6cm的菊花形食材上。

烘烤

8 把步骤5、7的食材摆到烤盘上,用200℃的烤箱烘烤15~18min。烤好后,放到冷却架上凉凉。

装饰

9 凉凉后,在食材上涂上步骤1的奶油,放上水果。如有薄荷叶也可装饰上。

200℃
15~18min

水果
各适量

用于果料派制作的各种工具

这里将为大家介绍几种制作果料派的便利工具。

面案

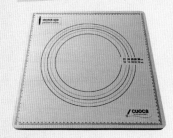

擀面团时使用的非常重要的平台,也可用切菜板。如附带有不同尺寸的圆形标志的话会更方便。低温的话使用大理石材料的台子也可以。

擀面杖

擀面团时使用的棒子。直径4cm、长50cm左右的尺寸最为合适。擀面团时需要均匀分散用力,这样擀出的厚度才合适,所以推荐使用长度、重量合适的擀面杖。

凹凸滚轴

在派皮食材烘烤之前,可在上面来回滚动打孔。也可用叉子代替。派皮食材大小基本为30cm×60cm左右,使用凹凸滚轴最为合适。

镇石

为了防止派皮食材过度膨胀而使用的铝制镇石。派皮食材上铺上烘焙纸,再放镇石。如没有镇石,也可使用大豆等物代替。

刷子

往派皮食材上刷黄油时可使用,防止干裂扫去多余干面粉时也可使用。弹掉面粉时用大点的毛刷即可。

圆形切刀

可以在派皮食材上滚动切割的刀,使用普通的菜刀也行。但圆形切刀切割得漂亮且光滑。有的切刀的另一面带有剪刀,使用起来更加方便。

直尺

用来测量派皮食材的厚度及大小。如不测量好派皮食材的尺寸,容易制作失败,所以尽可能地准确测量。

Part 4

可当礼物赠送的
巧克力甜品

从烘烤类甜品到清凉可口的甜品，种类繁多。

下面主要介绍巧克力甜品的制作方法，一起来学习吧！

奶油巧克力蛋糕

100 min

这款甜品口味浓厚、酥软,堪称巧克力糕点之王。

食材(1个直径18cm的奶油巧克力
蛋糕的用量)

奶油巧克力蛋糕

甜巧克力……100g

黄油……80g

蛋黄……4个鸡蛋分量(80g)

细砂糖……85g

鲜奶油……85mL

A ┌ 低筋粉……25g
  └ 可可粉……60g

蛋白……3个鸡蛋分量(120g)

细砂糖……85g

事先准备

· 把巧克力切碎。

· 把蛋白、蛋黄分离,冷藏蛋白。

· 把食材A混合,并过筛。

· 在圆形模具上涂上薄薄的一层
  黄油,铺上烘焙纸。

· 把烤箱预热到180℃。

模具　直径18cm的活底圆形模具

制作奶油巧克力蛋糕食材

橡皮刮刀

1 把巧克力放入搅拌盆里,再把搅拌盆放入50℃的热水里进行隔水加热。

甜巧克力 100g

手动打蛋器

2 加入黄油搅拌,直至全部熔化。保持隔水加热状态放置。

黄油 80g

3 把蛋黄和细砂糖放入另一个搅拌盆里,用隔水加热后的手动打蛋器搅拌到发白。

蛋黄 4个鸡蛋分量	细砂糖 85g

4 把步骤3的食材分两次加入步骤2的食材里,每次都要搅拌均匀。

5 把鲜奶油隔水加热至常温,一半加入到步骤4的食材里,搅拌均匀,然后继续加入另外一半,好好搅拌。

鲜奶油 85mL

6 把食材A撒入,用手动打蛋器搅拌出光泽。

食材A 全部

混合蛋白霜

电动打蛋器

7 把蛋白、细砂糖的1/3放入别的搅拌盆里,用电动打蛋器快速搅拌至松软、有泡沫。

蛋白 3个鸡蛋分量	细砂糖 1/3分量

检验1

8 把剩下的细砂糖分两次加入,继续搅拌,做成蛋白霜。

细砂糖 2/3分量

手动打蛋器

9 把步骤8的食材的1/3加入步骤6的食材中,用手动打蛋器搅拌均匀。

橡皮
刮刀

10 融合之后分两次加入剩余的蛋白霜,用橡皮刮刀大幅度地搅拌均匀。

检验2

11 搅拌至出现光泽。

放入模具烘烤

12 把做好的食材倒入模具中,表面用橡皮刮刀铲平。

13 用180℃的烤箱烘烤40~45min。

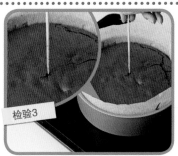

检验3

14 用竹签插入,拔出时检查里面是否烘烤均匀。

15 烘烤完毕后,马上拿出,揭掉周围的烘焙纸,放到冷却架上凉凉。如有细砂糖粉、混合奶油、薄荷叶也可放上,口味更佳。

180℃
40~45min

 POINT 如果无法插入竹签,是烘烤过度所致。

mini column

巧克力蛋糕

奶油巧克力蛋糕是法国有名的一种巧克力蛋糕。世界上还有其他很多有名的巧克力蛋糕,一种叫作沙巴的巧克力蛋糕就是奥地利传统有名的甜品。另外在法国,"歌剧"牌的蛋糕也非常有名,膨松酥软,奶油浓厚,咖啡味香飘四溢。

包装小窍门

灵感一来，即可进行简单漂亮的包装!

普通常见的
手提袋包装的曲奇饼干

使用封口处带有密封条的透明包装袋，放入油纸、曲奇饼干，密封时还可挑选自己喜欢的绳子加以装饰。绳子系成蝴蝶结状，就变成了像手提袋一样的包装了。

这种甜品可搭配以下多种

花样曲奇(p42)
巧克力软曲奇(p70)
雪球酥(p72)

透明塑料外加底盘的
纸片包装圆形大甜品

使用纸箱的底或者塑料薄片，放入甜品后，用透明塑料全部包装起来，最上面用丝带系上即可。这款包装比较适合大的圆形甜品及各种派类甜品。

这种甜品可搭配以下多种

大理石戚风蛋糕(p32)
水果派(p118)
苹果派(p130)

油纸包装
易出油的甜品

篮子里放上油纸，再放入面包圈，用透明塑料全部包装起来，左右两头都用丝带系上即可。油纸和篮子的组合可完美遮挡住油污点。

这种甜品可搭配以下多种

唐纳滋(p96)
米粉唐纳滋(p98)

带盖透明塑料杯
包装酥软的甜品

用带盖的透明塑料杯盛放甜品，携带非常安心方便。然后再整体放入透明塑料袋里，最上面用丝带扎紧，插入小木匙，包装完美收工。

这种甜品可搭配以下多种

芒果布丁(p172)
黄豆粉慕斯(p182)
提拉米苏(p196)

巧克力软糖蛋糕

这款甜品有着浓厚的巧克力口味,中间流出滑滑的巧克力酱。

50 min

食材(5个80mL的巧克力软糖
   蛋糕的用量)

甜巧克力……100g

黄油……80g

鸡蛋……2个

细砂糖……50g

低筋粉……40g

事先准备

· 把巧克力切碎。

· 过筛低筋粉。

· 在模具上涂上薄薄的一层黄油,
  再撒一层薄薄的干面粉。

· 把烤箱预热到180℃。

模具 80mL的布丁模具

制作食材

橡皮刮刀

1 把巧克力和黄油放入搅拌盆里,用 50℃的热水隔水加热,使其熔化。

甜巧克力 100g	黄油 80g

检验1

电动打蛋器

2 把鸡蛋和细砂糖放入另外一个搅拌盆里,用电动打蛋器搅至发白,舀起来呈线形。

鸡蛋 2个	细砂糖 50g

3 把步骤1的食材加入步骤2的食材中,用电动打蛋器慢慢搅拌均匀。

橡皮刮刀

4 撒入低筋粉,用橡皮刮刀搅拌至没有小面疙瘩。

低筋粉 40g

检验2

5 呈黏稠状态时,搅拌结束。

放入模具成形

6 把食材倒入布丁模具至七成满左右,不要装满,然后用180℃的烤箱烘烤8~9min。

180℃
8~9min

7 烘烤好后散热,用竹签从杯子的周围划开,放入容器里,然后可装饰上可可粉、冰淇淋、水果、薄荷叶等。

---

mini column

如果巧克力软糖蛋糕太凉了怎么办?

刚刚烘烤的巧克力软糖蛋糕是最美味的,入口即化的口感,让人回味无穷。如果放凉了,可用微波炉加热20s左右,这样里面的巧克力酱就会熔化。加热过度的话,里面的巧克力酱就会溅出。也可用烤面包机稍微烘烤一下,可享受到刚刚烘烤的美妙感觉。

布朗尼甜点

这款巧克力甜点只需混合后烘烤, 极其简单, 比较适合初学甜点制作的人。

60 min

食材（1个20cm×20cm布朗尼甜点的用量）

苦巧克力……200g

黄油……170g

鸡蛋……3个

细砂糖……140g

A ┌ 低筋粉……65g
　└ 巴旦木粉……35g

核桃……120g

事先准备

· 把巧克力切碎。

· 用160℃的烤箱把核桃烘烤10min左右, 然后大致切碎。

· 把食材A混合。

· 在方形模具上涂上薄薄的一层黄油, 再铺上烘焙纸。

· 把烤箱预热到170℃。

模具 20cm×20cm的方形模具

烘焙纸的尺寸为34cm×34cm, 四角向内斜切10cm（参照p20）。

制作食材

橡皮刮刀

1 把巧克力放入搅拌盆里，用50℃的热水隔水加热，使其熔化。

苦巧克力 200g

手动打蛋器

2 巧克力熔化后，拿开热水，加入黄油，用手动打蛋器搅拌至均匀、光滑。

黄油 170g

3 把鸡蛋打到另外一个搅拌盆里，加入细砂糖搅拌均匀至发白，然后加入步骤2的食材中，均匀混合。

鸡蛋 3个　细砂糖 140g

橡皮刮刀

4 把食材A分两次加入，用橡皮刮刀大幅度地搅拌。

食材A 全部

检验1

5 搅拌至没有残留的面粉后，加入100g核桃碎混合。

核桃 100g

倒入模具烘烤

6 倒入模具里，在上面再放入20g核桃碎，用170℃的烤箱烘烤20～25min。

核桃 20g   170℃ 20~25min

检验2

7 烘烤好后，用竹签插几下，如没有粘上任何东西，说明已经烘烤好了。

8 从模具中拿出，放到冷却架上凉凉。

9 凉好后，取掉烘焙纸，切开。

 POINT 烘烤过度的话，就会变得太干了，所以要注意把握烘烤的时间。

POINT 完全凉凉后再切的话，甜点容易变形走样。

巧克力蛋糕

这款蛋糕巧克力味浓厚，口感绝妙。

160 min

食材 (1个直径18cm的巧克力蛋糕的用量)

可可海绵蛋糕

鸡蛋……3个

细砂糖……90g

低筋粉……80g

可可粉……10g

A ┌ 黄油……20g
  └ 牛奶……1大匙

枫糖浆

B ┌ 细砂糖……50g
  └ 水……100mL

橘子库拉索酒（或
朗姆酒）……1大匙

甘纳许(Ganache)奶油

甜巧克力……200g

鲜奶油……200mL

杏仁酱……100g

浇汁

甜巧克力……130g

C ┌ 细砂糖……60g
  └ 水……60mL

可可粉……20g

鲜奶油……150mL

色拉油……1⅔大匙

事先准备

· 参考p15制作枫糖浆。

· 混合低筋粉和可可粉，并过筛。

· 把食材A放入耐热容器里，用微波炉
  加热10 ~ 20s。

· 把巧克力切碎。

· 把烤箱预热到180℃。

· 在模具里铺上烘焙纸。

模具　直径18cm的圆形模具

制作食材

1 参考p14、p15步骤1~16,制作可可海绵蛋糕和枫糖浆,然后横向把蛋糕切成3块。

制作甘纳许奶油

手动
打蛋器

2 把鲜奶油放到小锅里,加热接近沸腾,然后放入巧克力,用手动打蛋器快速搅拌,使巧克力熔化。

| 鲜奶油 | 甜巧克力 |
| 200mL | 200g |

检验1

电动
打蛋器

3 把步骤2的食材凉凉,用电动打蛋器搅至柔软,然后放入冰箱冷藏。

装饰

4 用刷子把枫糖浆涂抹到一块海绵蛋糕上,然后涂上一半杏仁酱、步骤3食材的1/4,之后盖上一块海绵蛋糕,重复涂抹工作。

杏仁酱
100g

5 3块海绵蛋糕叠放之后,把剩下的步骤3的食材涂抹到整体蛋糕上,移到冷却架上,放入冰箱冷藏60min左右。

冷藏
60min

制作浇汁

手动
打蛋器

6 把食材C放入小锅里煮,细砂糖溶化后加入可可粉,用手动打蛋器快速搅拌混合,之后加入鲜奶油。

| 食材C | 可可粉 | 鲜奶油 |
| 全部 | 20g | 150mL |

橡皮
刮刀

7 把甜巧克力放入搅拌盆里,把步骤6的食材用茶滤过滤到搅拌盆里,用橡皮刮刀慢慢搅拌直至巧克力熔化。

甜巧克力
130g

8 加入色拉油,搅拌均匀,然后冷藏到30℃。

 POINT 放入色拉油,巧克力会更丝滑。

色拉油
1⅔大匙

9 把冷却架放到方平底盘上,把步骤8的食材均匀地浇到蛋糕上,侧面部分也要快速浇上,再放入冰箱冷藏60min左右。

冷藏
60min

基本款 # 巧克力块

这款甜品只需混合后冷藏即可, 简单易做。

200 min

食材(1个11cm×14cm巧克力块的用量)

牛奶巧克力……130g

甜巧克力……30g

A ┌ 鲜奶油……85mL
  └ 蜂蜜……1大匙

黄油……1/2大匙

可可粉……适量

事先准备

· 把巧克力切碎。

· 在模具上铺上烘焙纸。

模具 11cm×14cm的玉子豆腐模具

把油纸切成23cm×26cm的尺寸,
四角向内斜切8.5cm。

熔化巧克力

1 把食材A放入小锅里,加热至沸腾。

2 加入放有巧克力的搅拌盆里,加入黄油,用橡皮刮刀简单搅拌一下。

橡皮刮刀

3 盖上盖子放置1min左右。

食材A 全部

牛奶巧克力 130g	甜巧克力 30g	黄油 1/2大匙

POINT 不要搅拌,利用余热熔化巧克力。

检验1

手动打蛋器

4 用手动打器慢慢搅拌,除去空气。如还有未熔化的部分,可通过隔水加热的方式使其熔化。

倒入模具冷却

5 倒入模具里,表面摊平。

检验2

6 表面有泡沫的话用竹签扎破,放入冰箱冷藏180min左右使之凝固。

冷藏
180min

切开

7 从模具中取出,撕掉油纸,用开水烫过的刀(注意擦干)切成自己喜欢的尺寸。

8 然后放到有可可粉的方平底盘里,用茶滤继续撒可可粉。

可可粉 适量

基本款 德菲丝松露巧克力

这款甜品含有白兰地的口感，甘纳许奶油充分，入口即化。

60 min

食材（16个德菲丝松露巧克力
的用量）

甘纳许奶油

甜巧克力……200g

鲜奶油……100mL

白兰地……1大匙

装饰用

甜巧克力……65g

可可粉……适量

事先准备

· 把巧克力切碎，放到搅拌盆里。

· 在方平底盘里铺上油纸。

制作甘纳许奶油食材

手动打蛋器

1 把鲜奶油放入小锅里，加热接近沸腾，然后浇到放有200g甜巧克力的搅拌盆里，用手动打蛋器慢慢搅拌，除去空气。

鲜奶油	甜巧克力
100mL	200g

2 巧克力熔化后，加入白兰地均匀搅拌。

3 边用冰水冷却搅拌盆，边用手动打蛋器慢慢搅拌，至匙子舀起容易成形的硬度。

白兰地
1大匙

成形

检验1

4 用两个匙子将食材分成16等份，放到铺有油纸的方平底盘上，放入冰箱冷藏30min左右使其凝固。

冷藏
30min

5 凝固成可以揉圆的程度。

涂抹外层

6 参照p156，用65g甜巧克力制作巧克力液，把步骤5的食材用匙子放入巧克力液中，使其表面都蘸有巧克力后取出。

甜巧克力
65g

7 把步骤6食材的一半在没有完全凝固的情况下，放入有可可粉的方平底盘中，使其沾满可可粉。

8 把步骤6剩余的一半食材放到冷却架上滚动，使其表面看起来像松露。

可可粉
适量

POINT 蘸巧克力液后，表面没有光泽时再开始滚动。

LESSON 巧克力回火的方法

巧克力回火是甜品中重要的技巧,这将确保巧克力的光泽和柔滑的口感。

什么是巧克力回火?

所谓巧克力回火,是为了使巧克力中的可可脂可以呈现理想的结晶结构,通过调节温度熔化巧克力。如果不进行回火处理,巧克力变得太硬,不容易成形,表面也会粗糙,甚至有白色的粉状物出现。

巧克力回火的步骤 （温度的设定及调节以甜巧克力为例）

1 切碎
在干燥的面案上把巧克力切成块,尽量大小均匀,否则熔化时就不均匀了。

2 隔水加热
把切碎的巧克力放入搅拌盆里,用放有50℃热水的小锅,通过隔水加热的方式使巧克力熔化。

3 提高温度
水的温度保持在50℃,巧克力的温度要提高到45～50℃。

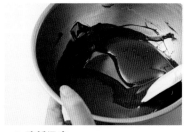

4 降低温度
巧克力温度达到45～50℃后,将加热的小锅拿开,然后用冰水使其冷却到27～29℃。

5 再次提高温度
当巧克力温度冷却到27～29℃后,用放有34℃热水的小锅再次加热,轻轻搅拌巧克力,直到温度达到30～32℃。当巧克力光滑而有光泽时,就可以使用了。

如果回火失败

把步骤3～5再进行一次即可。如果觉得这些工序麻烦的话,可选用市售的没有涂覆的巧克力。

※巧克力种类不同,温度的设定也不同,所以一定要注意。
※一般的白巧克力要比其他巧克力熔点低,所以要特别注意。

巧克力回火成功与否的确认方法

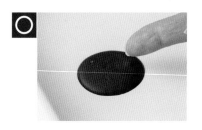

把回火后的巧克力少量滴在托盘上使其干燥,用手指触摸不粘手就证明成功了,如果手指粘上巧克力的话就失败了,如左图所示。如果手指粘上巧克力,尽管不粘勺子底接触后干燥也是失败的。

40 min

提拉米苏式德菲丝巧克力

这款甜品奶酪口感浓厚,甘纳许奶油丝滑入口。

食材(16个提拉米苏式德菲丝巧克力的用量)

甘纳许奶油

白巧克力……200g

A ─ 鲜奶油……60mL
  └ 马斯卡波尼奶酪……40g

装饰用 白巧克力……65g

装饰用 可可粉……适量

事先准备

· 把巧克力切碎,放到搅拌盆里。
· 参照p156,制作白巧克力液。
· 给方平底盘铺上油纸。

熔化巧克力

手动打蛋器

1 把p154德菲丝松露巧克力的鲜奶油换成食材A,熔化200g白巧克力。

白巧克力 200g 食材A 全部

检验1

2 边用冰水冷却搅拌盆,边慢慢搅拌至匙子舀起容易成形的硬度。

成形

3 用两个匙子分成16份,放入冰箱冷藏30min使其凝固。

冷藏 30min

4 凝固成可以揉圆的程度。

涂抹外层

5 用匙子将其放入白巧克力液中,使其表面都蘸有白巧克力之后取出。

白巧克力 65g

6 白巧克力晾干得慢,等到表面晾得差不多时,裹上可可粉。

可可粉 适量

157

白朗姆葡萄干德菲丝巧克力

40 min

朗姆酒搭配葡萄干的口感,比较适合成人食用。

食材(16个白朗姆葡萄干德菲丝巧克力的用量)

甘纳许奶油

白巧克力……200g

鲜奶油……90mL

朗姆酒……1大匙

葡萄干(朗姆酒浸泡过)……30g

装饰用

白巧克力……65g

椰子丝※……50~60g

※把椰子果肉切成1~2cm长的细丝。

事先准备

· 把巧克力切碎,放到搅拌盆里。

· 把椰子丝用130℃的烤箱烤10min 左右,使其失去本色。

· 参照p156,制作白巧克力液。

· 给方平底盘铺上油纸。

熔化巧克力

1 把鲜奶油放入小锅里，煮沸后关火。

鲜奶油
90mL

手动
打蛋器

2 浇到放有200g白巧克力的搅拌盆里，用手动打蛋器慢慢搅拌，释放空气，未熔化的部分可用隔水加热的方式使其熔化。

白巧克力
200g

3 白巧克力完全熔化后，加入朗姆酒。

朗姆酒
1大匙

4 搅拌混合朗姆酒后加入葡萄干，继续搅拌。

葡萄干
30g

检验1

橡皮
刮刀

5 边用冰水冷却搅拌盆，边慢慢搅拌至匙子舀起容易成形的硬度。

成形

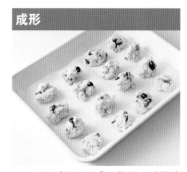

6 用两个匙子分成16份，放入冰箱冷藏30min使其凝固；凝固至可以揉圆的程度。

冷藏
30min

涂抹外层

7 用匙子把食材放入白巧克力液中，使其表面都蘸有白巧克力之后取出。

白巧克力
65g

8 把椰子丝放入方平底盘里，食材表面晾得差不多时，滚裹上椰子丝。

椰子丝
50~60g

基本款 杏仁巧克力

这是一款用杏仁制作的极其简单可口的甜品。

食材（约80个杏仁巧克力的用量）

不带皮的杏仁 ……100g

细砂糖……30g

水……2小匙

黄油……5g

甜巧克力……120g

可可粉……适量

事先准备

· 把巧克力切碎放入搅拌盆里。

· 给方平底盘铺上油纸。

· 把烤箱预热到160℃。

涂上细砂糖液

1 把杏仁用160℃的烤箱烤5min左右。

160℃
5min

2 把细砂糖和水放到小锅里,用小火煮,不需要搅拌,只需晃动小锅加热。煮至用匙子可以舀出糖稀的程度后关火。

细砂糖 30g　　水 2小匙

检验1　　木铲子

3 加入杏仁,不断地用木铲子搅拌,搅拌至细砂糖结晶变白。

杏仁 100g

4 再次开火,熔化细砂糖,变成焦黄色后加入黄油,搅拌均匀。

黄油 5g

5 把杏仁放到铺有油纸的方平底盘上,一颗一颗地晾开。

涂巧克力液

橡皮刮刀

6 参照p156制作巧克力液。

甜巧克力 120g

检验2

7 把杏仁放到搅拌盆里,加入少量巧克力液,搅拌混合；晾干之后再继续加入,搅拌混合。

8 步骤7重复七八次,然后把杏仁放入有可可粉的方平底盘里,使其蘸上可可粉。

POINT 一点一点地添加,巧克力层会变得醇厚。

可可粉 适量

基本款

香橙巧克力

普通的橙子即可,口感非常独特。

180 min

食材(20片香橙巧克力的用量)

橙子……3个

A ┌ 细砂糖……550g
  └ 水……300g

甜巧克力……200g

事先准备

· 用盐好好地搓洗橙子皮,然后切成
  两半。
· 把巧克力切碎放到搅拌盆里。
· 给方平底盘铺上油纸。

※除去步骤5的时间。

煮橙子

1 把橙子放入锅内,加入可淹没橙子
的水,煮沸后捞到漏篮里。

橙子
3个

2 用刀把橙子切成7mm厚的圆片。

3 把食材A和橙子片放到小锅里煮,
煮沸后,调成小火煮。

食材A
全部

4 煮120min左右,煮到糖浆出来。

晾橙子

检验1

5 煮好后,捞出晾到铁网架上,晾半
天或一天,晾到不粘手为止。

涂抹巧克力液

6 参照p156制作巧克力液。把每片
橙子的一半蘸上巧克力液,放到油
纸上凉凉。

甜巧克力
200g

果香点心

基本款

这款巧克力搭配坚果或干果,口感独特美味。

30 min

食材(12 个果香点心的用量)
甜巧克力……120g
白巧克力……120g

装饰用
核桃、杏仁、开心果等
个人喜爱的坚果……各适量
喜欢的干果……各适量
食用银粉……适量

事先准备
· 把巧克力切碎放到搅拌盆里。
· 给方平底盘铺上油纸。

熔化巧克力

1 参照p156 分别制作巧克力液。

甜巧克力 120g 白巧克力 120g

成形

2 把巧克力液用大匙子舀到铺有油纸的方平底盘上,摊成直径6cm的圆形。

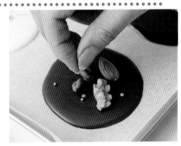

3 在甜巧克力还没有完全凝固时,放上坚果、干果装饰。

4 和步骤3一样,白巧克力上也同样装饰。

5 放入冰箱冷藏表面容易发白,所以无须冷藏,只要放到阴凉的地方凉凉即可。

基本款 **巧克力慕斯**

这款甜点口感酥软，入口即化。

食材（6个80mL的巧克力慕斯的用量）

巧克力慕斯

苦巧克力……170g

鸡蛋……3个

鲜奶油……2大匙

细砂糖……60g

装饰用

可可粉、覆盆子……各适量

事先准备

· 把巧克力切碎放到搅拌盆里。

· 把蛋黄与蛋白分离。

模具 80mL的焙盘

熔化巧克力

橡皮
刮刀

1 把放有巧克力的搅拌盆放到50℃
的热水盆里,用橡皮刮刀搅拌,熔
化巧克力。

苦巧克力 170g

手动
打蛋器

2 巧克力熔化后加入蛋黄和鲜奶油,
用手动打蛋器搅拌均匀。

蛋黄 3个鸡蛋分量	鲜奶油 2大匙

制作蛋白霜

电动
打蛋器

3 把蛋白放入另一个搅拌盆里,分三
次放入细砂糖,并不断地用电动打
蛋器搅拌。

蛋白 3个鸡蛋分量	细砂糖 60g

检验1

4 把步骤3的食材搅拌成细腻光滑
的蛋白霜。

POINT 巧克力慕斯的口感完全在于蛋白
霜,所以打发时一定要注意。

混合蛋白霜

橡皮
刮刀

5 把蛋白霜的1/3混合到巧克力里,
用橡皮刮刀搅拌时注意不要破坏
气泡,从底部往上翻着搅拌。

检验2

6 把剩余的蛋白霜全部加入,继续搅
拌混合,搅至食材挑起来掉下时呈
带状即可。

冷却

7 把食材倒入模具,放入冰箱冷藏
60min左右。冷藏好后撒上可可粉,
装饰上覆盆子。

 可可粉 适量 覆盆子 适量 冷藏 60min

白巧克力棒

这款甜品的酸味搭配甜味,独特的口感,比较适合当礼物赠送。

食材(10根11cm×14cm白巧克力
　　　棒的用量)

白巧克力……100g

馅料

A ⌐ 干覆盆子……40g
　├ 开心果……15g
　└ 个人喜爱的谷类食品……40g

事先准备

· 把巧克力切碎放入搅拌盆里。

· 把开心果、干覆盆子切碎。

· 给方平底盘铺上油纸。

模具　11cm×14cm的方形模具

熔化白巧克力

橡皮
刮刀

1 参照p156制作白巧克力液。

白巧克力
100g

检验1

2 把食材A全部加入，用橡皮刮刀混合均匀。

食材A
全部

放入模具冷却

3 趁还没凉，倒入铺有油纸的方平底盘里，并用橡皮刮刀弄平。

4 盖上保鲜膜，放入冰箱冷藏30min左右。

冷藏
30min

切开

5 完全凝固后，用开水加过温的刀（擦干水）切成10等份。

Part 4

白巧克力棒

---

mini column

巧克力棒的馅料

改变馅料，可以做出各种味道的巧克力棒。例如，加入稍微捣碎的巴旦杏，巧克力棒将别有一番风味。还可以随意搭配各种不带酸味的果干以及软糖、奶糖等糖品。

用于制作甜品的各种巧克力

稍微了解一下巧克力的种类和特点，这样根据用途就可轻易分开了。

甜品用巧克力和普通巧克力的区别

做甜品时，会因甜品的口感而选用特殊的材料制作的巧克力。而普通巧克力，商家为了降低成本，使用了可可脂以外的油脂制作。因此，甜品用巧克力的香味和口感都特别好。

甜品用巧克力的种类

甜巧克力

作为制作甜品的巧克力是最受欢迎的。这款巧克力的食材主要是可可块、可可脂、砂糖等。

牛奶巧克力

在甜巧克力的食材中加入奶粉等材料，但口感比甜巧克力柔和得多。

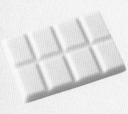

白巧克力

这款巧克力的食材主要是可可脂、砂糖、奶粉等。乳白色、没有苦味，源于没有使用可可块，所以它并非普通巧克力的颜色。

其他

可可粉

把可可豆研磨成可可块，再浓缩成可可脂，最后研磨成细碎的可可粉。

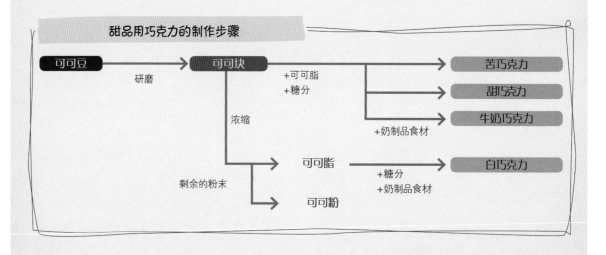

甜品用巧克力的制作步骤

可可豆 —研磨→ 可可块

可可块 +可可脂 +糖分 → 苦巧克力
→ 甜巧克力
+奶制品食材 → 牛奶巧克力

可可块 —浓缩→ 可可脂 +糖分 +奶制品食材 → 白巧克力

剩余的粉末 → 可可粉

Part 5

不用烤箱即可制作的

冰凉甜品系列

在家也可制作口感冰凉、爽滑可口的布丁、慕斯、

冰淇淋等冰凉甜品系列。

 # 杯子布丁

这款凉甜品使用了明胶,不用烤箱即可简单制作。

150 min

食材(3个杯子布丁的用量)

布丁
牛奶……300mL
香草豆荚……1/3根
蛋黄……1个鸡蛋分量
细砂糖……20g
粉状明胶……4g
冷水……1大匙

焦糖酱
细砂糖……40g
热水……1大匙

事先准备

· 把粉状明胶浸泡到冷水里。

· 把香草豆荚用刀剖开,把里面的豆子刮出后使用。

模具 150mL的玻璃杯

制作焦糖酱

1 参照p50的步骤1制作焦糖酱,然后倒入玻璃杯里。

制作布丁食材

橡皮刮刀

2 把牛奶、香草豆、豆荚皮、蛋黄、细砂糖倒入小锅里。

3 用中火一边煮,一边用橡皮刮刀均匀搅拌加温。沸腾前关掉火,加入冷水浸泡过的粉状明胶。

 牛奶 300mL

 香草豆荚 1/3根

 蛋黄 1个鸡蛋分量

 细砂糖 20g

 粉状明胶 4g

 冷水 1大匙

4 用滤网把步骤3的食材过滤到搅拌盆里。

5 用冰块一边冷却,一边用橡皮刮刀均匀搅拌。

POINT 冷却至常温后,再放入冰箱,整体才会凝固定形。

放入玻璃杯里冷却

6 把基本常温的布丁食材盛入玻璃杯里,放入冰箱冷藏120min左右,使之凝固。

 冷藏 120min

mini column

布丁的种类

经常食用的布丁,一般指的是隔水加热烘烤后的。也有不需隔水加热烘烤、通过明胶而凝固的布丁。隔水加热烘烤布丁一般主要通过鸡蛋来凝固,这样鸡蛋的量多,口味就比较醇厚。而通过明胶凝固的布丁,一般鲜奶油、牛奶的量较多,比较酥软,爽滑可口。

芒果布丁

这款凉甜品采用新鲜的芒果，简单易做，口感酸甜。

140 min

食材(4个芒果布丁的用量)

芒果……2个(净重230g)

水……3大匙

A ┌ 砂糖……40g
  └ 水……4大匙

板明胶……7g

鲜奶油……90mL

柠檬汁……2小匙

事先准备

· 把板明胶浸泡到冷水里(另备水)。

模具　150mL的玻璃杯

制作布丁食材

1 将芒果去皮去核,40g切成边长1cm的小丁,留着装饰用。剩余的切成宽1cm的横条。

芒果
2个

2 把芒果横条装入食物调理机中,加入水,搅打成果泥,倒入搅拌盆里。

水
3大匙

橡皮
刮刀

3 把食材A倒入小锅里,大火煮沸后关火。加入浸泡后的板明胶,用橡皮刮刀均匀搅拌至完全溶化。

食材A | 板明胶
全部 | 7g

手动
打蛋器

4 把芒果泥加入到步骤3的食材里,用手动打蛋器快速搅拌。

5 把鲜奶油、柠檬汁加入步骤4的食材里,搅拌均匀。

鲜奶油 | 柠檬汁
90mL | 2小匙

倒入玻璃杯中冷却

6 将食材倒入150mL的玻璃杯中,放入冰箱冷藏120min左右使之凝固。

冷藏
120min

7 凝固后取出,放上装饰用芒果丁,有雪维菜也可放上点缀。

芒果
40g

mini column

芒果的种类

据说芒果有1500多种。有呈金黄色、扁平细长状的泰国芒果,味道醇厚,富有酸甜味,最适合做芒果布丁。当然其他的芒果也可以制作芒果布丁。如果没有新鲜的芒果,也可用冷冻的或瓶装的来代替。

基本款 焦糖蛋奶

这款甜品外面酥脆,里面顺滑,制作方法极其简单。

130 min

食材(4个焦糖蛋奶的用量)

焦糖蛋奶

A
┌─ 鲜奶油……80mL
│ 牛奶……80mL
│ 香草豆荚……1/2根
└─ 肉桂条……1/2根

蛋黄……2个鸡蛋分量

细砂糖……30g

装饰用

细砂糖……适量

事先准备

• 把香草豆荚切开,刮出里面的豆子,
  豆荚皮也可使用。

• 把烤箱预热到140℃。

模具　100mL的焙盘

制作焦糖蛋奶食材

1 把食材A放入小锅里,用中火煮至锅内冒泡。

橡皮刮刀

食材A
全部

2 将蛋黄和细砂糖一起放入搅拌盆里,用手动打蛋器均匀搅拌。

手动打蛋器

蛋黄
2个鸡蛋分量

细砂糖
30g

3 把步骤1的食材倒入步骤2的食材里,并搅匀。

4 把步骤3的食材用滤网过滤到搅拌盆里。

隔水烘烤

5 把步骤4的食材均分成4份,倒入焙盘里。

6 放在烤盘里,注入热水,用预热至140℃的烤箱烘烤30～40min。

140℃
30~40min

检验1

7 烤好后拿出,用手拿着焙盘左右晃动一下,如果表面没有晃动,表明已经烤好。

冷却

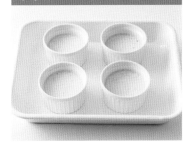

8 烤好的焦糖蛋奶室温冷却后放入冰箱冷藏60min左右。

9 将一些细砂糖放在冰冻好的焦糖蛋奶上面,用加热过的匙子背面将细砂糖烧至金黄色。

冷藏
60min

 POINT 不用匙子,其他的工具也可以。

细砂糖
适量

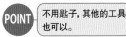

咖啡果冻

这款凉甜品简单易做，清淡可口，具有老少皆宜的独特口感。

食材（6个咖啡果冻的用量）

咖啡果冻液

速溶咖啡……3大匙

水……600mL

细砂糖……70g

粉状明胶……12g

冷水……4大匙

装饰用

鲜奶油……80mL

事先准备

• 将粉状明胶浸泡到冷水里。

模具　150mL的玻璃杯

制作咖啡果冻液

1 在小锅里加入速溶咖啡、水、细砂糖,用小火煮,用橡皮刮刀搅拌使固体溶化。

橡皮刮刀

2 煮沸腾后关火。加入浸泡后的粉状明胶,搅拌均匀。

3 另备一个搅拌盆,放入冰水;把小锅坐在冰水盆里,慢慢搅拌咖啡果冻液至凉。

速溶咖啡 3大匙	水 600mL	细砂糖 70g

粉状明胶 12g	冷水 4大匙

放入模具冷却

4 把凉咖啡果冻液倒入玻璃杯里,放入冰箱冷藏120min左右,使之凝固。

冷藏 120min

放上鲜奶油

手动打蛋器

5 把鲜奶油放入搅拌盆里,用冰水冷却,并搅拌至七成发(p17)。

6 步骤4的咖啡果冻液凝固后,放上步骤5的鲜奶油,即可食用。

鲜奶油 80mL

mini column

不用速溶咖啡也可制作

可根据自己的喜好,使用滴滤式咖啡或者浓咖啡也可制作咖啡果冻。咖啡果冻比直接饮用滴滤式咖啡口感浓厚。浓咖啡需要用水稀释。使用滴滤式咖啡制作时香味更加醇厚,浓咖啡更是让人回味无穷。使用牛奶咖啡也可制作口感极好的牛奶果冻。

创意款 **葡萄柚果冻**

这款甜品颜色搭配极佳,清爽可口。

150 min

食材(4个葡萄柚果冻的用量)

果冻液

葡萄柚汁(100%纯果汁)……350mL

粉状明胶……5g

冷水……1大匙

葡萄柚……1个

事先准备

· 将粉状明胶浸泡到冷水里。

模具 150mL的玻璃杯

制作果冻液

1 将葡萄柚去皮,切成小丁备用。留出一点做装饰用,其余部分分开装到玻璃杯里。

葡萄柚
1个

2 把葡萄柚汁的一半倒入小锅内,小火加热。

葡萄柚汁
175mL

橡皮刮刀

3 煮沸后关火,放入浸泡过的粉状明胶,搅拌均匀。

粉状明胶
5g

冷水
1大匙

4 加入剩余的葡萄柚汁,用冰水一边冷却一边搅拌至常温。

葡萄柚汁
175mL

放入模具冷却

5 把步骤4的食材注入步骤1的玻璃杯里,放入冰箱冷藏120min左右,使之凝固。

冷藏 120 min

6 在完全凝固的果冻上放上葡萄柚丁,也可装饰上薄荷叶。

150 min

创意款 番茄果冻

橙汁的融入,使这款甜品的酸甜口感更加浓厚。

食材(4个番茄果冻的用量)

果冻液

番茄汁……300mL

橙汁……120mL

细砂糖……40g

粉状明胶……6g

白葡萄酒……40mL

装饰用

圣女果……4个

事先准备

· 将粉状明胶浸泡到白葡萄酒里。

· 把圣女果去蒂,横切成两半。

模具 150mL的玻璃杯

制作果冻液

1 把番茄汁和橙汁倒入小锅内,搅拌均匀。

 番茄汁 300mL 橙汁 120mL

2 把细砂糖加入步骤1的食材里,用中火煮。

 细砂糖 40g

橡皮刮刀

3 煮沸后关火,放入浸泡过的粉状明胶,用橡皮刮刀搅拌均匀。

 粉状明胶 6g 白葡萄酒 40mL

4 把步骤3的食材倒入搅拌盆里,用冰水一边冷却一边搅拌至常温。

倒入模具冷却

5 把冷却至常温的食材倒入玻璃杯里,放入冰箱冷藏120min左右,使之凝固。装饰上圣女果,如果有罗勒叶,也可装饰上。

 冷藏 120 min

酸奶慕斯

这款甜品具有酸奶的清新和炼乳的醇厚,让人惊喜的味道

150 min

食材(4个酸奶慕斯的用量)

慕斯

普通酸奶……400g

细砂糖……30g

炼乳……20g

酸橙皮(磨碎)……1个分量

粉状明胶……6g

冷水……2大匙

鲜奶油……100mL

覆盆子酱

覆盆子(冷冻)……100g

细砂糖……25g

事先准备

· 将粉状明胶浸泡到冷水里。

· 鲜奶油一边用冰水冷却,一边用手动
  打蛋器搅拌至七成发(p17)。

模具 300mL的小碗

制作慕斯食材

手动打蛋器

1 将普通酸奶、细砂糖、炼乳和酸橙皮放入搅拌盆里，用手动打蛋器搅拌均匀。

普通酸奶 400g	细砂糖 30g	炼乳 20g	酸橙皮 1个分量

2 把步骤1的食材取出1匙子的量放入别的搅拌盆里，隔水加热。

橡皮刮刀

3 把浸泡过的粉状明胶放入步骤2的食材里，用橡皮刮刀搅匀。

粉状明胶 6g	冷水 2大匙

手动打蛋器

4 把步骤3的食材的一半倒入步骤1的食材里，搅至顺滑后再把剩余的量全部倒入。加入搅拌至七成发（p17）的鲜奶油，继续搅拌。

鲜奶油 100mL

倒入模具冷却

5 将食材倒入小碗后，放入冰箱冷藏120min左右使之凝固。

冷藏 120min

制作覆盆子酱

6 把覆盆子和细砂糖放入小锅内，用中火煮。

覆盆子 100g	细砂糖 25g

7 沸腾至稍微黏糊后关火，冷却至常温。把覆盆子酱浇到凝固后的慕斯食材上。

mini column

蛋糕中也可放入慕斯

鲜奶油蛋糕一般使用鲜奶油制作。如今不用鲜奶油，而在蛋糕层之间涂抹上慕斯，也可制作出酥软可口的蛋糕。把蛋糕切成两半，烘烤时放一片并涂抹上慕斯，另一片放到最上面冷却凝固。

创意款 # 黄豆粉慕斯

140 min

这款黄豆粉慕斯口感醇厚,简单易做,非常具有和食风格。

食材(4个黄豆粉慕斯的用量)

慕斯

A
┌ 豆乳……300g
├ 细砂糖……40g
└ 黄豆粉……30g

粉状明胶……6g

冷水……2大匙

鲜奶油……100mL

装饰用

黑豆(加糖煮)……8粒

事先准备

• 将粉状明胶浸泡到冷水里。

模具　150mL的玻璃杯

制作慕斯食材

手动打蛋器

1 把食材A放入小锅里，用小火煮，用手动打蛋器搅拌，使黄豆粉完全溶解。

食材A 全部

2 加温后放入浸泡过的粉状明胶继续搅拌溶解。

粉状明胶 6g	冷水 2大匙

3 在粉状明胶溶解后把步骤2的食材移到搅拌盆里，用冰水冷却到呈稠糊状。

混合奶油

手动打蛋器

4 把鲜奶油用冰水冷却，并搅拌至七成发（p17）。

鲜奶油 100mL

橡皮刮刀

5 把步骤4的食材的一半加入步骤3的食材里，用橡皮刮刀搅拌均匀。

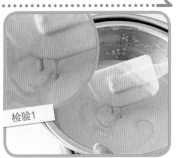

检验1

6 把步骤4剩余的全部食材加入，继续搅拌至光滑。

 POINT 呈稠糊状就是扬起来一滴一滴地往下流。

倒入模具冷却

7 将步骤6的食材倒入玻璃杯里，放入冰箱冷藏120min左右使之凝固。凝固后放上黑豆即可。

 黑豆 8粒

 冷藏 120min

基本款 香草冰淇淋

这款冰淇淋口感极好，入口爽滑。

200 min

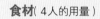

食材（ 4人的用量 ）

蛋黄……3个鸡蛋分量

细砂糖……75g

牛奶……160mL

香草精……少许

鲜奶油……120mL

制作冰淇淋食材

电动打蛋器

1 把蛋黄放到搅拌盆里,放入细砂糖,用电动打蛋器快速搅拌。

蛋黄	细砂糖
3个鸡蛋分量	75g

2 把牛奶、香草精放入小锅里,用小火加热到即将沸腾。

牛奶	香草精
160mL	少许

3 把牛奶一边倒入步骤1的食材中,一边慢慢搅拌。

检验1

橡皮刮刀

4 把步骤3的食材放回到锅里,一边用橡皮刮刀不断搅拌,一边用小火煮至黏稠。

用滤网过滤

5 把搅拌盆放入装有冰水的盆里冷却的同时,用滤网过滤步骤4的食材,使之快速冷却。

冷却的同时搅拌混合

6 给搅拌盆盖上保鲜膜,放入冰箱冷冻60min左右,使之凝固。

冷冻 60min

检验2

电动打蛋器

7 步骤6的食材凝固后从冰箱中拿出,用电动打蛋器整体搅拌均匀。

8 把鲜奶油加入,继续搅拌均匀,再放入冰箱冷冻60min左右使之凝固。

鲜奶油
120mL

冷冻 60min

手动打蛋器

9 从冰箱中取出冷冻好的食材,用手动打蛋器搅拌均匀。口感不够光滑的话,继续凝固-搅拌直至入口光滑。

创意款 **牛奶饼干冰淇淋**

这款冰淇淋口味特别，非常好吃。

210 min

食材（4人的用量）

香草冰淇淋

蛋黄……3个鸡蛋分量

细砂糖……75g

牛奶……160mL

香草精……少许

鲜奶油……120mL

牛奶糖酱

细砂糖……50g

水……1大匙

鲜奶油……70mL

可可饼干（市售）……4块

事先准备

· 把饼干放入食品用塑料袋里擀碎。

制作香草冰淇淋食材

手动打蛋器

1 参照p185制作香草冰淇淋。

制作牛奶糖酱

2 把细砂糖、水放入小锅内，用中火煮。

3 用微波炉把鲜奶油加热30s。

 细砂糖 50g　 水 1大匙

 鲜奶油 70mL

橡皮刮刀

4 当步骤2的食材变成焦糖色时关火，加入步骤3的鲜奶油搅拌均匀。

5 把步骤4的食材倒入搅拌盆里，凉至常温。

混合饼干

橡皮刮刀

6 把冷却后的步骤5的食材和擀碎的饼干一起倒入步骤1的食材里，用橡皮刮刀搅拌均匀。

创意款 冰淇淋三明治

这款甜品掺有草莓酱，是一款非常美味的甜品。

260
min

食材（8个的用量）

香草冰淇淋

蛋黄⋯⋯3个鸡蛋分量

细砂糖⋯⋯75g

牛奶⋯⋯160mL

香草精⋯⋯少许

鲜奶油⋯⋯120mL

草莓酱

草莓⋯⋯100g

细砂糖⋯⋯75g

柠檬汁⋯⋯1小匙

饼干（市售）⋯⋯16块

事先准备

· 参照p116给草莓去蒂。

制作香草冰淇淋食材

手动
打蛋器

1 参照p185制作香草冰淇淋。

制作草莓酱

2 把细砂糖、草莓放入小锅内，用小火煮3～5min，煮到草莓形状即将破碎的状态。

| 草莓 100g | 细砂糖 75g |

橡皮
刮刀

3 加入柠檬汁，用橡皮刮刀搅拌均匀后凉至常温。

| 柠檬汁 1小匙 |

混合冰淇淋

手动
打蛋器

4 用手动打蛋器搅拌香草冰淇淋，使之松软。

橡皮
刮刀

5 把草莓酱加入到香草冰淇淋里，用橡皮刮刀搅拌至呈大理石花纹状。

夹到饼干中间

6 把步骤5的食材涂抹到两块饼干之间，放入冰箱冷冻30min左右，使之凝固。

冷冻
30min

橙汁果子露

这款凉甜品有着沙沙的口感,非常适合夏天品尝。

260
min

食材(4人的用量)

橙汁（100%纯果汁)……400mL

细砂糖……20g

橙子……3个

事先准备

· 参照p116 给橙子去皮。

制作果子露食材

1 把橙汁的一半和细砂糖放入小锅里,加热到细砂糖溶化,然后凉凉。

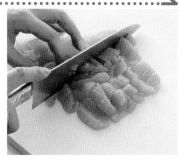

2 把橙子的果肉切碎加入步骤1的食材里。

一边冷却一边混合

3 把剩余的橙汁加入步骤1的食材里,然后全部倒入方平底盘里,盖上保鲜膜,放入冰箱冷冻60min左右使之凝固。

| 橙汁 200mL | 细砂糖 20g | | 橙子 3个 | 橙汁 200mL | 冷冻 60min |

4 取出冷冻后的步骤3的食材,用叉子搅拌均匀后,再放入冰箱冷冻60min使之凝固。

检验1

5 把步骤4的食材反复搅拌两三遍,搅拌至整体没有水分,变得细腻光滑。

6 把步骤5的食材盛到容器里,有薄荷叶的话可以装饰上。

 用叉子来回搅拌均匀。   冷冻 60min

冷冻 120~180min

mini column

可以更改水果

柑橘类的水果都可以制作这款甜品。桃子的果肉比较甜且柔软,鲜桃或者罐装的都可以。但是苹果的果肉比较硬,作为食材不太好凝固,所以可以加入糖汁煮过之后再使用。另外水果的甜度不同,可用细砂糖来调节所需的甜度。

创意款 # 酸奶果子露

这款果子露含有酸奶独特的口感,爽滑可口。

260 min

食材(4人的用量)

果子露

A
- 酸奶……200g
- 蜂蜜……80g
- 鲜奶油……100g
- 柠檬汁……10g

装饰用

菠萝(罐装)……1片

猕猴桃……1/2个

制作果子露食材

1 把菠萝和猕猴桃切成边长5mm的小丁。

| 菠萝 1片 | 猕猴桃 1/2个 |

橡皮刮刀

2 把食材A倒入搅拌盆里,用橡皮刮刀搅拌均匀。

| 食材A 全部 |

一边冷却一边混合

3 把步骤2的食材倒入方平底盘里,盖上保鲜膜,放入冰箱冷冻60min左右,使之凝固。

冷冻 60min

4 把冷冻好的食材取出,用叉子搅拌均匀,然后再放入冰箱冷冻60min左右。

冷冻 60min

检验1

5 把步骤4的食材来回均匀搅拌两三遍,搅拌至整体细腻光滑。然后与步骤1的食材混合。

冷冻 120~180min

创意款 **蜂蜜柠檬果子露**

这款凉甜品有着刨冰般的清爽口感,是夏季必备品。

260
min

食材(4人的用量)
果子露
柠檬……2个

A
- 水……400mL
- 蜂蜜……120g
- 上等白糖……20g

装饰用
柠檬(切成圆形)……4片

制作果子露食材

1 磨碎柠檬皮,榨柠檬汁。

柠檬
2个

2 把食材A放到小锅里,用火煮至上等白糖溶化。

食材A
全部

手动
打蛋器

3 把步骤1的食材加到步骤2的食材里,用手动打蛋器搅拌均匀,然后倒入方平底盘里,盖上保鲜膜。

一边冷却一边混合

检验1

4 放入冰箱冷冻60min左右后拿出,用叉子搅拌。

冷冻
60min

5 把步骤4的食材来回反复搅拌两三遍,搅拌至整体细腻光滑就可以了。

冷冻
120~180min

6 把柠檬片从中间切开,如图所示扭转放上去。

柠檬
4片

ENJOY

冰淇淋的各种装饰方法

接下来大家可以根据自己的喜好装饰各种冰淇淋、果子露等凉甜品。

四种装饰

盛放到玻璃杯里1

白巧克力棒(p166)

酸奶果子露(p190)

橙汁果子露(p188)

把果子露堆放到玻璃杯里,插上巧克力棒,就完成了简单的装饰。口感不同,混搭在一起,百变口味。

盛放方法:把橙汁果子露放到最下面,然后放半球形的酸奶果子露,最后斜插上白巧克力棒。

盛放到玻璃杯里2

草莓

薄荷叶

巧克力酱

鲜奶油

海绵蛋糕(p12)

香草冰淇淋(p184)

咖啡果冻(p176)

这种装饰方法有一种在甜品店吃软冰淇淋的感觉。喜欢的冰淇淋搭配海绵蛋糕和奶油,再浇上喜欢的果酱,味美可口。用高脚杯来装饰的话,更能给人一种奢华的感觉。

盛放方法:海绵蛋糕和咖啡果冻交替堆放,冰淇淋放到杯子的正中间,上面挤上鲜奶油,浇上巧克力酱,装饰上草莓和薄荷叶即可。

盛放到盘子里1

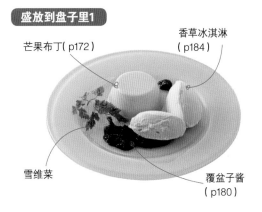

芒果布丁(p172)

香草冰淇淋(p184)

雪维菜

覆盆子酱(p180)

把平时食用的冰淇淋放到盘子里,可迅速改变我们对甜品店冰淇淋的印象。其中把冰淇淋做成细长的柠檬形状更显得高级。

盛放方法:把芒果布丁放到盘子里,覆盆子酱随意倒在盘子里,上面放上冰淇淋,旁边装饰上雪维菜。

盛放到盘子里2

香草冰淇淋(p184)

可丽饼(p102)

橙子

猕猴桃

蓝莓

蛋奶沙司(p88)

沙司和水果的加入,顿时增添豪华的感觉。只是简单地把冰淇淋包到可丽饼里,又可变化出不一样的外观。

盛放方法:放上包有冰淇淋的可丽饼。包有冰淇淋的可丽饼冷冻后容易切开食用。去皮的橙子、猕猴桃切成月牙形,交叉摆放,周围装饰上蓝莓。

冰淇淋的各种配料

咖啡果冻

用叉子把成块的咖啡果冻添加到冰淇淋上，咖啡的苦味搭配上冰淇淋的甜味，口感极其不一般。

芒果布丁

西式冰淇淋搭配水果类布丁，口味、口感马上就会改变。

白巧克力棒

脆脆的白巧克力棒可直接搭配冰淇淋，也可弄碎撒在冰淇淋上。

可丽饼

用可丽饼包冰淇淋，就成了冰淇淋薄饼了，想法独特，口味独特。再搭配水果和沙司更是美味无比。

海绵蛋糕

把海绵蛋糕切成适当的块状，可放在冰淇淋上。

干酪棒

奶酪的咸味配上冰淇淋的甜味，感觉非同寻常。

巧克力酱

普通市场销售的或者熔化的巧克力均可，和香草系列的冰淇淋非常搭。

覆盆子酱

酸味极浓的果酱可瞬间提升冰淇淋的口感，鲜艳的颜色更增添了奢华的感觉。

黄桃酱

用于冰淇淋或者冰淇淋薄饼，增添柔软的感觉，也可再搭配水果。

生奶酪蛋糕

260 min

这款甜品清爽可口, 光滑细腻, 醇香宜人, 风味独特。

食材(1个直径18cm的生奶酪蛋糕的用量)

奶酪蛋糕

奶油奶酪……250g

细砂糖……80g

A ┌ 普通酸奶……200g
  │ 柠檬汁……2小匙
  └ 香草精……少许

B ┌ 粉状明胶……5g
  └ 冷水……2大匙

鲜奶油……200mL

蛋糕底盘

可可饼干……130g

黄油……50g

事先准备

· 奶油奶酪解冻到常温。

· 把粉状明胶浸泡到冷水里。

· 把黄油放入耐热容器里, 用微波炉
  加热1min左右。

模具　直径18cm的圆形模具

该模具活底最好。

制作蛋糕底盘

1 把可可饼干放入食物调理机里搅拌碎。

可可饼干
130g

橡皮刮刀

2 把可可饼干放到搅拌盆里，加入熔化后的黄油，搅拌至混合均匀。

黄油
50g

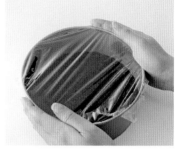

3 将步骤2的食材倒入模具里，用勺子背面摊平，盖上保鲜膜，放入冰箱冷藏60min左右。

冷藏
60min

制作奶酪蛋糕食材

电动打蛋器

4 把奶油奶酪倒入搅拌盆里，用电动打蛋器搅拌直至光滑。

奶油奶酪
250g

5 加入细砂糖，搅拌均匀；再加入食材A继续搅拌。

细砂糖
80g

食材A
全部

6 倒入一半鲜奶油，混合搅拌。

鲜奶油
100mL

检验1

7 把剩余的鲜奶油倒入小锅里加热至接近沸腾，关火。加入食材B搅拌，直至明胶溶解。

鲜奶油
100mL

食材B
全部

橡皮刮刀

8 把步骤7的食材加入到步骤6的食材里，搅拌均匀后，用滤网过滤。

HELP 如果明胶溶解不完全，可通过隔水加热的方式继续溶解。

倒入模具冷却

9 把步骤8的食材倒入步骤3的模具里，轻轻晃动模具使其表面平整。然后放入冰箱冷藏180min左右使之凝固。最后可放上雪维菜进行装饰。

冷藏
180min

基本款 提拉米苏

这是一款意大利有名的甜品，制作要点在于奶酪。

食材（1个提拉米苏的用量）

奶酪奶油
马斯卡波尼奶酪……250g
细砂糖……50g
蛋黄……2个鸡蛋分量
鲜奶油……350mL

蛋卷蛋糕
鸡蛋……4个
细砂糖……80g
低筋粉……100g
A ┌ 黄油……30g
  └ 牛奶……2大匙

加糖浓咖啡
咖啡甜酒……50mL
速溶咖啡……1大匙
开水……80mL

装饰用
可可粉……适量

事先准备

· 把蛋黄打成蛋黄液。

· 用80mL的开水冲泡速溶咖啡，然后与咖啡甜酒混合。

· 过筛低筋粉。

· 把食材A放入耐热容器里，用微波炉加热10～20s。

· 在方形烤盘上涂上黄油（分量外），然后铺上烘焙纸。

· 把烤箱预热到190℃。

模具 30cm×30cm的方形烤盘
20cm×20cm的方形模具

烘烤蛋卷蛋糕

1 参照p22、p23的步骤1~12烘烤一块蛋卷蛋糕。切成20cm×20cm的尺寸，再横向切成两块厚度一样的蛋卷蛋糕即可。

制作奶酪奶油

手动
打蛋器

2 把马斯卡波尼奶酪、细砂糖放入搅拌盆里，用手动打蛋器搅拌均匀。

马斯卡波尼奶酪 250g	细砂糖 50g

3 把蛋黄液分两三次倒入，搅拌均匀。

蛋黄 2个鸡蛋分量

手动
打蛋器

4 把鲜奶油放到另外一个搅拌盆里，一边用冰水冷却，一边用手动打蛋器搅至八成发（p17）。

鲜奶油 350mL

检验1

橡皮
刮刀

5 把步骤4的食材加入到步骤3的食材里，用橡皮刮刀慢慢搅拌。

放入模具

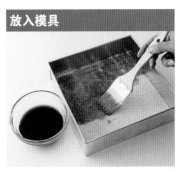

6 把一块蛋卷蛋糕放到模具里，用刷子充分地刷加糖浓咖啡的食材。

加糖浓咖啡 适量

橡皮
刮刀

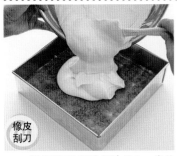

7 把步骤5的奶酪奶油放入一半的量，用橡皮刮刀把表面摊平。

8 然后在上面铺一层蛋卷蛋糕，重复步骤6、7，最后将表面摊平。

9 用茶滤撒上可可粉之后，放入冰箱冷藏30min左右。

可可粉 适量	冷藏 30min

POINT 奶酪奶油一定要涂抹均匀、到位。

基本款 牛奶杏仁冻糕

这款凉甜品有着牛奶的清香，清爽可口。

140 min

食材（6个牛奶杏仁冻糕的用量）

牛奶杏仁冻糕
牛奶……600mL
细砂糖……30g
玉米淀粉……2大匙
巴旦木……少许

黄桃酱
黄桃（罐装）……1/2罐
粉状明胶……4g
冷水……2大匙

装饰用
蓝莓、覆盆子……各适量

事先准备

· 把明胶浸泡到冷水里。

· 把黄桃用食物调理机打成酱状。

模具 200mL的玻璃杯

制作牛奶杏仁冻糕液

1 把牛奶、细砂糖、玉米淀粉放入小锅里,一边用小火煮,一边用橡皮刮刀搅拌。

橡皮刮刀

检验1

2 煮沸腾后关火。加入巴旦木,搅拌均匀。

3 另备一个盆,放入冰水;把盛有食材的搅拌盆坐在凉水盆里,慢慢搅拌凉凉。

牛奶 600mL	细砂糖 30g	玉米淀粉 2大匙

巴旦木 少许

4 把凉凉后的步骤3的食材倒入玻璃杯里,放入冰箱冷藏90min左右,使之凝固。

冷藏
90min

制作黄桃酱

5 把黄桃酱放入另外一个小锅里,加热接近沸腾。然后放入浸泡后的粉状明胶,搅拌均匀。

黄桃 1/2罐	粉状明胶 4g	冷水 2大匙

6 把小锅放入冰水中冷却。

POINT 一定要把黄桃酱完全冷却,以免放到牛奶杏仁冻糕上后流出。

浇上黄桃酱

7 把冷却后的黄桃酱浇到凝固的牛奶杏仁冻糕上。

8 装饰上蓝莓、覆盆子,如有雪维菜也可装饰上。

蓝莓 适量	覆盆子 适量

基本款 # 杏仁豆腐

这款甜品嫩滑筋道,口感脆爽。

食材(6个杏仁豆腐的用量)

杏仁豆腐液

A ┌ 牛奶……500mL
  │ 细砂糖……20g
  └ 杏仁粉……3大匙

粉状明胶……10g

冷水……3大匙

鲜奶油……100mL

杏仁酱汁

杏仁酱……100g

水(或者杏仁酒)……3大匙

装饰用

枸杞……适量

事先准备

· 把粉状明胶浸泡到冷水里。

· 把枸杞用水浸泡。

模具　200mL的玻璃杯

制作杏仁豆腐液

1 把食材A放入小锅里，一边用小火煮，一边用木铲子搅拌。

木铲子

2 煮沸腾后关火。加入浸泡过的粉状明胶，搅拌均匀。

3 把步骤2的食材倒入搅拌盆里，加入鲜奶油，用手动打蛋器搅拌均匀。

手动打蛋器

POINT 一定要注意把杏仁粉搅拌均匀，不要有干粉，否则口感不好。

 食材A 全部

 粉状明胶 10g　冷水 3大匙

 鲜奶油 100mL

4 用滤网把步骤3的食材过滤到另外一个搅拌盆里。

5 盖上保鲜膜，放入冰箱冷藏90min左右，使之凝固。

冷藏 **90**min

制作杏仁酱汁

6 把杏仁酱、水放到搅拌盆里，用手动打蛋器搅拌均匀。

手动打蛋器

 杏仁酱 100g　 水 3大匙

盛入玻璃杯

7 在步骤5的食材完全凝固后，用大勺子盛到玻璃杯里。

8 把步骤6的食材浇上，装饰上枸杞。

枸杞 适量

冰淇淋、果子露的种类

冰淇淋与果子露，在制作食材、口感方面多多少少有些不同。

从细腻光滑

冰淇淋

冰淇淋是以牛奶或奶油等乳制品、砂糖、蛋黄等为主要食材，经过冷冻加工制作而成的口感细腻、柔滑、清凉的冷冻食品。在制作过程中，将原材料混合在一起，经过搅拌形成比较松软的状态，搅拌的过程中吸收大量的空气，容易形成入口即化的独特口感。

在家里制作的时候，可用手动打蛋器反复搅拌打发，一定要注意搅拌均匀，这样口感才光滑细腻。

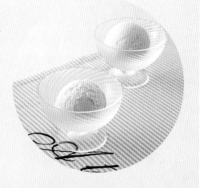

软冰淇淋

软冰淇淋是以蛋黄、细砂糖等为主要食材，经过隔水加热处理，加入鲜奶油搅拌至起泡，冷冻凝固而成的。由于软冰淇淋的空气含量较高，所以口感特别细腻、圆润、香滑。倒入方平底盘中冷冻凝固后可切成块，食用极其方便。分开制作时可用焙盘冷冻凝固。

口感

果子露

果子露以果汁、果酱为原材料，基本上不含脂肪，所以有种沙沙的口感，非常清爽可口。制作方法和冰淇淋基本一样，搅拌混合食材后放入冰箱冷冻凝固。尤其是冷藏到50%程度的果子露，可用叉子搅拌食用，有种吃刨冰的感觉。

果汁冰糕

果汁冰糕所含糖分比果子露还少，不含果肉，像食用刨冰一样有种沙沙的口感。在餐厅经常作为套餐的甜品而摆上餐桌，是一道比较清爽可口的冷食。基本制作方法和果子露一样，食材少，制作方法简单。因为水分比较多，不搅拌直接放入冰箱的话难以凝固，所以要边冷藏边搅拌口感才好。

到沙沙的感觉

Part 6

制作甜品的
基本工具和食材

本部分主要介绍制作甜品时不可或缺的工具和食材。

百变制作食材时可以使用这些工具,

并附有食材的使用方法及甜品制作的专门用语。

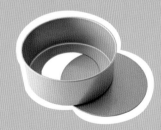

基本的制作模具

这些制作模具形状不一，使用的食材也不同，都是采用氟树脂加工的，甚至连纸型都不需要，非常方便。

圆形模具

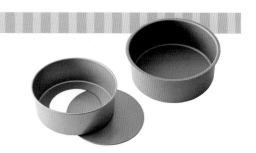

材 质 铝制、不锈钢制、铁皮制等。

适用甜品类型 海绵蛋糕或奶酪蛋糕。没有底盘类型的更适用于柔软、易走形的蛋糕。

使用方法 在模具的四周涂上一层薄薄的黄油，或者铺上烘焙纸。在没有烘焙纸的情况下，也可撒上干面粉替代。

方形模具

材 质 铝制、不锈钢制、铁皮制等。

适用甜品类型 海绵蛋糕或布朗尼蛋糕等。

使用方法 在模具的四周涂上一层薄薄的黄油，或者铺上烘焙纸。在没有烘焙纸的情况下，也可撒上干面粉替代。

果料派模具

材 质 铝制、不锈钢制、铁皮制等。没有底盘类型的，拿掉模具的时候更方便，以免破坏甜品的形状。

适用甜品类型 果料派或吉秀派等。

使用方法 由于果料派等食材含有大量的黄油，不必担心粘住的问题，所以可直接使用该类模具。

磅蛋糕模具

材 质 不锈钢制、铁皮制、陶瓷加工等。也有可直接作为礼物赠送的纸型或铝制的。

适用甜品类型 磅蛋糕。

使用方法 在模具的四周涂上一层薄薄的黄油，或者铺上烘焙纸。在没有烘焙纸的情况下，也可撒上干面粉替代。

烤盘

材 质 铁制、搪瓷制等。

适用甜品类型 美味蛋糕卷等。

使用方法 在模具的四周涂上一层薄薄的黄油，或者铺上烘焙纸。如果铺两张烘焙纸，蛋糕更容易取出。

派类模具

材 质 铝制、不锈钢制、铁皮制等。也有可直接作为礼物赠送的铝箔制的。

适用甜品类型 派类甜品。

使用方法 由于派类甜品等食材含有大量的黄油,不必担心粘住的问题,所以可直接使用该类模具。

戚风蛋糕模具

材 质 铝制、不锈钢制、纸制等。中间带有可传热的圆形管。没有底盘,所以取蛋糕也很方便。

适用甜品类型 戚风蛋糕。

使用方法 可直接使用该类模具。如给模具铺上涂有黄油的烘焙纸,烘烤的蛋糕就不会膨松了。

饼干模具

材 质 不锈钢制、铝制等。

适用甜品类型 饼干形状的甜品。

使用方法 给模具撒上干面粉或者撒上制作饼干剩下的面粉。

玛芬模具

材 质 铝制、聚硅酮制、铁皮制等。

适用甜品类型 玛芬类甜品。

使用方法 给模具铺上烘焙纸后放入食材,也可使用玛芬专用的纸杯。

贝壳蛋糕模具、费南雪模具

材 质 不锈钢制、铝制、铁皮制、聚硅酮制等。也可使用铝制杯子。

适用甜品类型 贝壳蛋糕、费南雪。

使用方法 给模具涂上薄薄的一层黄油,撒上干面粉。

基本的食材

食材是制作甜品最基本的部分。
掌握食材的制作方法,可进行各种各样的变化。

海绵蛋糕食材

蛋黄、蛋白一起打

蛋黄、蛋白一起打的方法可参照p14。全蛋不容易打起泡沫,所以可通过隔水加热的方式,把鸡蛋加热到接近人体的温度之后再打。这样一来口感会细腻光滑。

食材(1个直径18cm的圆形蛋糕的用量)
鸡蛋3个/细砂糖90g/低筋粉90g/A(黄油20g/牛奶1大匙)

制作方法

1 把鸡蛋和细砂糖放入搅拌盆里,用隔水加热的方式加热,用手动打蛋器快速搅拌。

2 加热到接近人体的温度后,停止隔水加热。用手动打蛋器继续快速搅拌。

3 打发后慢慢搅拌,整理食材的纹理和光滑度。

4 加入1/2的低筋粉,用橡皮刮刀从底部往上翻着搅拌混合。

5 混合得差不多时,加入剩余的低筋粉。

6 用微波炉把食材A加热10～20s,加入步骤5的食材里,用橡皮刮刀搅拌均匀。

7 在食材上写一个8字,8字处于慢慢地恢复平滑的状态时,停止搅拌。

温度:180℃ 烘烤时间:30min

蛋黄、蛋白分开打

参照p22,蛋黄、蛋白分开打打好之后,再合到一起打。做出的甜品口感酥软光滑,质地柔软,几乎呈膨松状。

食材(1个30cm×30cm的烤盘的用量)
鸡蛋4个/细砂糖80g/低筋粉100g/A(黄油30g/牛奶2大匙)

制作方法

1 把蛋黄、细砂糖20g放入搅拌盆里,用手动打蛋器打发。

2 把蛋白、细砂糖20g放入另一个搅拌盆里,用电动打蛋器打发。

3 在蛋白打到干性发泡后加入细砂糖20g,继续搅拌。

4 再加入细砂糖20g,继续搅拌至光滑。

5 把蛋白加入蛋黄里,用橡皮刮刀从盆底往上翻着搅拌混合。

6 分两次加入低筋粉,同样从下往上混合。

7 用微波炉把食材A加热10～20s,加入步骤6的食材里,用橡皮刮刀搅拌均匀。

8 用橡皮刮刀把食材舀起来,到能够连续不断地掉下来的状态时,停止搅拌。

温度:190℃ 烘烤时间:8～10min

变化要点

·可在食材中加入速溶咖啡。

·可在食材中加入碎坚果。

变化要点

·低筋粉可换成抹茶粉。

·可加入红茶的叶子。

磅蛋糕食材

磅蛋糕也称为黄油蛋糕,因为它使用大量的黄油。黄油、低筋粉、砂糖、鸡蛋以同等的比例加入烘烤。

食材(1个20cm×7.5cm×7.5cm的磅蛋糕的用量)
黄油150g /上等白糖150g/鸡蛋3个/A(低筋粉150g/泡打粉1大匙)

制作方法

1 把黄油放至室温软化,放入搅拌盆里,用电动打蛋器快速搅拌成奶油状。

2 加入上等白糖,搅拌至发白、含有空气。加入打好的鸡蛋,用电动打蛋器快速搅拌混合。

3 在鸡蛋完全混合后,再加入少量的鸡蛋继续混合搅拌。

4 在鸡蛋全部混合后,食材整体变得比较松软时,停止搅拌。

5 加入混合好的食材A,用橡皮刮刀搅拌至食材光滑、均匀。

温度:180℃　烘烤时间:45 ~ 50min

泡芙食材

圆圆的、膨松的泡芙,重点在于食材的柔软度和烘烤时间的把握。加入牛奶可使表面烘烤得比较有硬度。

食材(12个的用量)
A(水40mL/牛奶40mL/黄油35g/盐适量)/低筋粉45g/鸡蛋2个

制作方法

1 把食材A放入小锅里,用小火煮,黄油溶化后,稍微把火调大,使其沸腾。

2 关火,加入低筋粉,用橡皮刮刀混合均匀。

3 再次打开火,混合均匀。当锅底出现薄薄的膜时,晃动小锅,食材成块后,从火上拿下锅。

4 将打好的鸡蛋液分三四次加入,混合均匀。

5 留点鸡蛋,用来调节食材的柔软度。用橡皮刮刀把食材舀起来,食材呈倒三角形掉下来的状态后,停止搅拌。

温度:190℃　烘烤时间:25 ~ 35min

变化要点
·可用玛芬模具烘烤小一点的蛋糕。
·可加入喜爱的果酱之后再烘烤。

变化要点
·可在上面放上杏仁后再烘烤。
·也可做成面包卷的形状进行烘烤。

果料派食材

果料派食材分为两种：使用砂糖的和不使用砂糖的。本书介绍的是使用砂糖的，脆脆的像饼干的口感。

食材（1个直径21cm的果料派的用量）

A（黄油80g /细砂糖粉40g/盐适量）/蛋黄1个鸡蛋分量 /牛奶1/2 小匙/低筋粉45g

变化要点

· 低筋粉可换成巴旦木粉。
· 低筋粉也可换成可可粉。

制作方法

1 把食材A放入搅拌盆里，用橡皮刮刀搅拌至发白。

2 把蛋黄液分两三次加入，混合均匀。

3 加入牛奶，整体搅拌均匀，然后加入低筋粉，搅拌直至没有粉状物。

4 盖上保鲜膜，放入冰箱冷藏60min左右。

5 在面案和擀面杖上撒上干面粉，把食材擀成3mm厚的圆形，大小比模具略大一点。

6 把擀好的食材放入模具里，四周用手指压好。

7 四周多余的部分用剪刀剪掉，用叉子在食材上扎上孔，放入冰箱冷藏15min左右。

温度：170℃　烘烤时间：25min
※放上烘焙纸和镇石再烘烤。烘烤上色后，最后5min拿掉镇石继续烘烤。

曲奇饼干食材

曲奇饼干从制作方法上来说有冰箱法、挤出法等。本书介绍的曲奇饼干由于使用了大量的低筋粉，极其容易成形。

食材（12个直径5cm的曲奇饼干的用量）

黄油60g /上等白糖60g/盐少许/蛋黄1个鸡蛋分量 /低筋粉100g

变化要点

· 食材里也可加入奶酪粉。
· 烘烤好的饼干上可浇上熔化的巧克力。

制作方法

1 把黄油放至室温软化，放入搅拌盆里，加入上等白糖和盐，用橡皮刮刀搅拌至发白。

2 把蛋黄液分两三次加入，混合均匀。

3 加入低筋粉，搅拌直至没有粉状物，成为面团。

4 盖上保鲜膜，放入冰箱冷藏60min左右。

5 在面案和擀面杖上撒上干面粉，把食材擀成5mm的厚度。

6 用撒过干面粉的模具对食材进行压模。

温度：170℃　烘烤时间：15min

派类食材

从制作方法上来讲,有用食材把黄油包起来反复折叠旋转的双皮派,也有把黄油和面粉简单混合折叠的单皮派。本书主要介绍的是前者的制作方法。

食材（1个直径21cm的派类的用量）
A（低筋粉150g/高筋粉50g/盐1/2小匙)/冷水110mL/黄油150g

制作方法

1 把食材A放入搅拌盆里,中间弄一个洼处,倒入冷水,混合到不粘手。

2 食材成为面团后,用刀在表面划十字,盖上保鲜膜,放入冰箱冷藏60min。

3 冷却后的黄油放入塑料袋里,用擀面杖擀成边长15cm的正方形。

4 给面案和擀面杖撒上干面粉,把面团从十字处向四周掰开,注意比黄油饼要大一圈。

5 用面团把黄油包起来,四周捏合好。

6 然后撒上干面粉,竖着擀成原来的3倍长,然后从两头各向里对折1/3。

7 将折叠好的食材逆时针方向旋转90°。

8 把步骤6、7重复两次。

9 盖上保鲜膜,放入冰箱冷藏30min以上。

10 用擀面杖把食材擀成3mm的厚度,用凹凸滚轴打上孔。

温度：200℃　烘烤时间：20min
↓
温度：180℃　烘烤时间：30min
※以苹果派为例。

变化要点

· 可切开食材加入馅料进行烘烤。
· 可切开食材加入细砂糖、杏仁之后进行烘烤。

布丁食材

从制作方法上来讲,有使用牛奶与鸡蛋混合做成蛋奶冻的布丁,也有基本的通过蒸烤的方式做的布丁,更有利用明胶凝固的布丁,可参照p170。

食材（5个180mL的布丁的用量）
鸡蛋3个/上等白糖70g/牛奶300mL/香草豆荚1/2根

制作方法

1 把牛奶和香草豆荚（用刀剖开,把里面的香草豆刮出）放入小锅里,煮至接近沸腾。

2 把鸡蛋和上等白糖放入搅拌盆里,用手动打蛋器搅拌均匀。

3 把步骤1的食材一点一点地加入步骤2的食材中,并搅拌均匀。

4 用滤网过滤,使食材更加细腻光滑。

温度：170℃　烘烤时间：30min　※隔水烘烤。

变化要点

· 可用蜂蜜代替上等白糖。
· 可在牛奶中加入熬红茶的水。

基本的奶油和酱汁类

奶油和酱汁是制作甜品必不可少的食材，这里将对奶油和酱汁的使用方法和分量等问题进行详细介绍。

打发好的奶油

食材（易于制作的用量）
鲜奶油200mL
细砂糖20g

制作方法
用冰水边冷却搅拌盆，边用手动打蛋器或者电动打蛋器打发。

适用甜品　可丽饼（p102）
奶油巧克力蛋糕（p142）

Point 1 ●● 涂抹时动作一定要轻

把打发好的奶油涂抹到蛋糕上时，动作一定要柔和。七成发（粘到手动打蛋器上的奶油向下滴落的状态）的程度最好。

Point 2 ●● 卷蛋糕时可调节奶油的用量

卷蛋糕和涂抹蛋糕一样，七成发的奶油最好。蛋糕中间想要卷入充足的奶油时，鲜奶油稍微硬一点比较好，不容易流出来。

Point 3 ●● 挤奶油时需要稍微硬一点

挤奶油时，虽然七成发的奶油比较好，但有时形状不容易保持。不立即食用的时候或者和其他金属物品一起装饰时，稍微硬点的奶油比较适合。

蛋奶冻

食材（易于制作的用量）
A（蛋黄3个鸡蛋分量/细砂糖55g）/低筋粉30g /牛奶300mL/黄油20g

制作方法
把食材A放入搅拌盆里，用手动打蛋器搅拌均匀，然后加入低筋粉轻轻搅拌。再加入加热至接近沸腾的牛奶，混合均匀。用滤网过滤后，再用火煮。其间用手动打蛋器搅拌使其光滑，并加入黄油搅拌均匀。

适用甜品　美味蛋糕卷（p20）
法式薄饼（p100）

Point 1 ●● 单独使用的时候

做好的蛋奶冻非常有光泽，舀起来还有黏性。用橡皮刮刀搅拌混合时，可见锅底。冷却时容易凝固，所以可加热使其变得柔软。

Point 2 ●● 混合使用时注意硬度

和其他奶油混合使用时，要结合其他奶油的硬度来搅拌混合。从冰箱里取出的蛋奶冻比较硬，用橡皮刮刀搅拌使其变得柔软。

Point 3 ●● 加入鲜奶油制作而成的卡士达鲜奶油（Creme Diplomate）

往蛋奶冻里加入1/3的鲜奶油后，可用于果料派的馅料或者奶油泡芙。如是上述分量的蛋奶冻，可加入100mL的鲜奶油进行混合。

甘纳许奶油

食材（易于制作的用量）
甜巧克力200g
鲜奶油100mL

制作方法

把切碎的巧克力放入搅拌盆里，加入加热至接近沸腾的鲜奶油，用手动打蛋器慢慢地搅拌除去空气。巧克力未完全熔化的情况下，可通过隔水加热的方式使其熔化。

 德菲丝松露巧克力（p154）
奶油泡芙（p62）

Point 1 ●●**可通过冷却的方式调节硬度**

德菲丝松露巧克力食材做好的时候，可通过冷却搅拌盆来调节奶油的硬度。用勺子能够舀起块时即可。

Point 2 ●●**涂抹时注意奶油要柔软**

使用方法不同，巧克力和鲜奶油的用量也不同。按照上述的用量制作德菲丝松露巧克力时比较硬，所以涂到蛋糕上时，可用200mL的鲜奶油来调节柔软度。

甜奶油酱

食材（易于制作的用量）
黄油100g/细砂糖10g/A（蛋白2个
鸡蛋分量/细砂糖20g）

制作方法

把黄油和细砂糖放入搅拌盆里，用橡皮刮刀搅拌至发白。将食材A充分打发制作成蛋白霜，然后分两三次把蛋白霜加入到黄油当中，搅拌均匀。

 草莓裱花蛋糕（p12）
冻曲奇（p68）

Point 1 ●●**要一点一点地加入蛋白霜**

能够把黄油和蛋白霜均匀混合的关键之处在于，要一点一点地加入蛋白霜，完全融合后再大量加入。

杏仁奶油

食材（易于制作的用量）
黄油100g/细砂糖100g/鸡蛋2
个/杏仁粉100g

制作方法

把黄油和细砂糖放入搅拌盆里，用橡皮刮刀搅拌至发白。分两三次加入打好的鸡蛋，均匀混合。然后加入杏仁粉，搅拌混合。

※这款奶油不可直接使用，需要放入果料派模具烘烤。

 水果派（p118）
巴旦木派（p126）

Point 1 ●●**加入杏仁粉时的注意事项**

加入大量的杏仁粉时容易产生面疙瘩，所以一定要用滤网好好筛进去。

焦糖汁

食材（易于制作的用量）
细砂糖50g/水1大匙/鲜奶油70g

制作方法

1 把细砂糖、水放入小锅里用中火煮。

2 用微波炉把鲜奶油加热30s。

3 在步骤1的食材变成焦糖色后关火。

4 把加热好的奶油加入，用橡皮刮刀搅拌均匀。

5 倒入搅拌盆里，凉凉。

适用甜品 舒芙蕾（轻乳酪蛋糕）(p58)
生奶酪蛋糕(p194)

Point 1 ●●● **注意颜色的变化**

尽量不要搅拌，使细砂糖自然溶化，注意时刻关注锅里颜色的变化。加热到整体变成茶色、上色均匀为止。

蛋奶酱

食材（易于制作的用量）
蛋黄2个鸡蛋分量/细砂糖30g/牛奶150mL

制作方法

1 把蛋黄和细砂糖放入搅拌盆里，用手动打蛋器搅拌均匀。

2 边搅拌边加入少量加热至接近沸腾的牛奶，然后都倒入小锅里，用中火煮。

3 用橡皮刮刀搅拌均匀，成为黏糊状时关火。

4 用滤网过滤到搅拌盆里，然后将冰水放在盆底使其尽快冷却。

适用甜品 芒果布丁(p172)
牛奶饼干冰淇淋(p186)

Point 1 ●●● **边搅拌混合边加热**

倒入小锅后用中火煮，并不断地整体搅拌均匀。不断地搅拌可使食材加热比较均匀，而且不容易形成面疙瘩。

水果酱汁

覆盆子酱

食材（易于制作的用量）

冷藏的覆盆子100g/细砂糖25g

制作方法

1 把冷藏的覆盆子和细砂糖放入小锅里用中火煮。

2 沸腾后调至小火,煮至呈黏糊状。

3 移到搅拌盆里,使其冷却。

迷你一口派(p138)
乳酪蛋糕(p54)

黄桃酱

食材（易于制作的用量）

黄桃(罐装) 1/2罐 / 粉状明胶4g / 冷水2大匙

制作方法

1 把黄桃用搅拌机打成果酱。

2 把果酱倒入小锅里,加热至接近沸腾。然后加入冷水浸泡过的明胶,均匀混合。

3 把食材移到搅拌盆里,然后把冰水放在盆底使其冷却。

适用甜品 酸奶慕斯(p180)

果酱

草莓果酱

食材（易于制作的用量）

草莓200g / 细砂糖120g / 柠檬汁1大匙

制作方法

1 把草莓、细砂糖放入小锅里拌匀,放至草莓出水。

2 然后用小火煮,煮沸腾3 ~ 5min,然后加入柠檬汁搅拌均匀。

猕猴桃果酱

食材（易于制作的用量）

猕猴桃200g / 细砂糖120g / 柠檬汁1大匙

制作方法

1 给猕猴桃去皮,然后切成16等份的小丁。把猕猴桃丁、细砂糖放入小锅里。

2 用小火煮,煮沸腾3 ~ 5min,然后加入柠檬汁搅拌均匀。

牛奶果酱

食材（易于制作的用量）

牛奶200mL / 炼乳30g / 上等白糖50g / 盐适量

制作方法

1 把所有的食材放入小锅里,用中火煮。

2 煮沸后把火关小,然后煮30 ~ 40min,整体变成浅茶色即可。

食材的使用方法

掌握食材的使用方法,对于制作甜品来讲也是至关重要的。

砂糖

细砂糖

从甜菜的根部抽取糖分,长时间煮制加工而成的糖。

特点

雪白,颗粒光滑。没有杂质,有淡淡的甜味。比上等白糖的结晶颗粒稍大,适用于饼干等脆脆的甜品。

适用甜品 草莓裱花蛋糕(p12)
雪球酥(p72)

上等白糖

使用甘蔗或甜菜为原材料,加入调味品加工而成。

特点

比细砂糖的甜味稍重。晶粒细软,加热容易变黄,所以易于上色。

适用甜品 南瓜布丁(p51)
冻曲奇(p68)

三温糖

和上等白糖的制作工序几乎一样,甜度比较低,呈浅褐色。

特点

具有独特的浓烈甜味。制作甜品时,口感浓厚又不失淡淡的甜味。

适用甜品 香蕉椰子果料派(p122)
布朗尼甜点(p148)

红糖

甘蔗汁加工而成的黑褐色的糖,富含矿物质。

特点

具有独特的口味和浓厚的甜味。如使用这款糖,可使甜品的口感变得更加醇厚。

适用甜品 核桃全麦司康饼(p80)
米粉唐纳滋(p98)

使用须知

和黄油混合制作

把砂糖加入黄油或鸡蛋里搅拌混合时,为了不留下砂糖的颗粒,需要注意搅拌方法。用手动打蛋器或者橡皮刮刀压着盆底用力地搅拌,直至砂糖颗粒溶化。

溶化、上色

把砂糖放入小锅里溶化时,烧焦上色的情况下,注意火候。不要搅拌,轻轻地晃动小锅使其全部溶化。稍不注意就会变煳,时刻关注砂糖颜色的变化。

黄油、色拉油

黄油

有含1%～2%盐分的黄油和完全不含食盐的黄油。制作甜品一般选用不含食盐的黄油，如需盐分可通过加入盐来实现。

特点

使用黄油可增加甜品的醇厚口感和香味。甜品不同，有时使用室温软化的黄油，有时使用冷却后的黄油，注意事先准备的要求。

 适用甜品 香蕉磅蛋糕(p38)
小贝壳(玛德琳蛋糕)(p90)

人造黄油

由乳化精制的油脂加工而成。可替代黄油使用。

特点

比黄油价格便宜，所以选用的人比较多。可用于一些简单的需要黄油的烘烤甜品，但是口味不会太好。

 适用甜品 水果磅蛋糕(p34)
雪球酥(p72)

使用须知

室温软化后使用

黄油一般用于制作蛋糕时，都是室温软化后再使用的。和其他食材易于混合，搅拌时含有空气，所以制作的甜品易于膨松。

使用橡皮刮刀搅拌混合

把熔化后的黄油加入比较柔软的食材里需要注意，以免破坏食材的泡沫形状，一般用橡皮刮刀慢慢搅拌混合。

色拉油

冷却后也不会出现杂质，纯度很高的一种精炼油。家庭用的色拉油，一般是用大豆和菜籽油混合调制而成的。

特点

由于味道、气味比较纯，一般用于制作清爽可口的甜品。另外，加入巧克力当中会使巧克力的黏稠性更好。

 适用甜品 大理石戚风蛋糕(p32)
巧克力蛋糕(p150)

使用橄榄油时需注意

橄榄油是用油橄榄鲜果通过物理冷压榨工艺提取的天然果油汁，是略呈淡青色、香味独特的植物油。橄榄油富含单不饱和脂肪酸，以及对健康极好的抗氧化物等，所以备受关注。根据酸度的不同可分为三个级别：特级初榨橄榄油、优质初榨橄榄油、普通初榨橄榄油。用橄榄油代替色拉油制作甜品时，由于特级初榨橄榄油的香味比较浓，所以推荐使用普通初榨橄榄油。

粉类

低筋粉

是小麦面粉中谷蛋白含量最少、颗粒最细的面粉。

特点

由于谷蛋白含量少，所以黏性不好。比较适用于制作口感清爽类的饼干或者海绵蛋糕等。

适用甜品 蒙布朗蛋糕卷(p24)
司康饼(p78)

高筋粉

是小麦面粉中谷蛋白含量最多、颗粒粗糙的面粉。

特点

由于谷蛋白含量多，所以黏性和弹性比较好。比较适用于制作派类或者面包类甜品。由于颗粒粗糙，也可当作干面粉使用。

适用甜品 苹果派(p130)
千层派(p134)

全麦粉

整粒小麦在磨粉时，仅仅经过碾碎，而不经过除去麸皮的程序，是整粒小麦包含了麸皮与胚芽全部磨成的粉。含有丰富的膳食纤维和铁，是营养价值极高的面粉。

特点

适用于独特口味和口感的面包或饼干类甜品。由于脂肪含量高，所以比小麦面粉保存性差。

适用甜品 奶油葡萄干夹心饼干(p46)
核桃全麦司康饼(p80)

米粉

以大米为原材料制作而成。制作甜品时，使用粳米制作的精制新米粉比较好。

特点

蛋糕类甜品一般口感比较松软，饼干类甜品口感比较酥脆。使用米粉制作的甜品有独特的甜味和香味。

适用甜品 香蕉磅蛋糕(p38)
米粉唐纳滋(p98)

使用须知

最后加入，搅拌均匀

制作比较膨松的食材时，最后加入粉类，并通过搅拌把鸡蛋打成鸡蛋液来凝固。加入粉类不要一下全部倒入，要均匀地撒进去，并快速、均匀地搅拌。

揉面团使其变得很有弹性

想让面团变得很有弹性、不粘手时，需要用力地揉搓面团。揉搓过度容易造成面团太硬、没有弹性，注意力度适当。

乳制品

牛奶

鲜奶油、奶酪等是以牛奶为食材制作而成的。牛奶是制作甜品不可或缺的食材之一。

特点

加入牛奶后,点心的口感会变得柔和。没有特别说明时,只要不是低脂肪的普通牛奶即可。

适用甜品 牛奶可丽饼(p104)
牛奶杏仁冻糕(p198)

鲜奶油

从牛奶中提取的脂肪经过加工而成的比较纯粹的乳制品。而也有将植物油氢化之后,加入能产生奶香味的香精来代替鲜奶的植物性脂肪鲜奶油。

特点

经常用于甜品的装饰。尽管有植物性脂肪鲜奶油,但动物性脂肪鲜奶油的口感更好。

适用甜品 奶油泡芙(p62)
提拉米苏式德菲丝巧克力(p157)

奶油奶酪

是一款非常新鲜的奶酪。

特点

略带酸味,口感柔和。使用起来比较方便,需室温软化后再使用。

适用甜品 生奶酪蛋糕(p194)
乳酪蛋糕(p54)

巴马干酪

是一种比较硬质的天然干酪。

特点

由于水分少,有浓缩后的甜咸味。弄成粉后可用于饼干类甜品的烘烤制作。

适用甜品 圣女果派(p136)
奶酪派(p133)

使用须知

把液体加入柔软的食材中

鲜奶油、牛奶等本来是液体的乳制品,如果加入比较硬的食材中,难以混合。所以要加入柔软的食材中。

固体乳制品可与砂糖等混合

使用奶油奶酪等本身为固体的奶酪时,没有特别要求,但是必须室温软化后再使用。和砂糖等混合后使用时,要和比较柔软的食材一起使用,这样更有效果。

香精、洋酒

香草精

香草精是一种从香草中提炼的食用香精。

[特点]

有独特的香味。在加热的情况下香味容易挥发掉，所以多用于奶油或者凉甜品的制作。

适用甜品 香草冰淇淋（p184）
冰淇淋三明治（p187）

香草豆荚

香草豆荚经发酵、去除水分并干燥后，能产生迷人的香味与口感。

[特点]

由于气味独特，不容易挥发，可用于加热类甜品的制作。选择使用接近黑色的巧克力色的比较好。

适用甜品 杯子布丁（p170）
焦糖蛋奶（p174）

洋酒

制作甜品时多使用右图中的蒸馏酒。

[特点]

可增加甜品的香味和口感。樱桃白兰地、君度酒多用于水果类甜品的制作，朗姆酒多用于巧克力类甜品的制作。由于用量很少，推荐小瓶装的。

朗姆酒 　樱桃白兰地

君度酒

适用甜品 水果派（p118）
巧克力蛋糕（p150）

使用须知

最后加入，香味持久

使用洋酒或香精调节口感时，由于香味容易挥发，所以一般最后加入。不喜欢酒精的人可通过火煮使酒精蒸发掉。

完整使用香草豆荚

把香草豆荚用刀竖着剖开，把里面的香草豆刮出后再使用。把香草豆、豆荚皮和牛奶一起放入小锅里用小火煮，这样香草的香味就完全浸透到牛奶里了。

明胶、琼脂

明胶

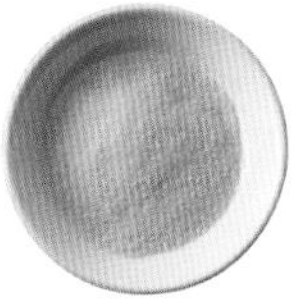

明胶是一种从动物的骨头或结缔组织中提炼出来的、带浅黄色的胶质，主要成分为蛋白质。冷却后容易凝固。

[特点]

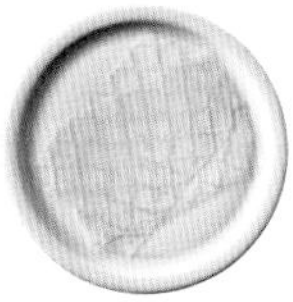

把板状明胶浸泡到水里使其恢复，粉状明胶浸泡到水里后再使用。板状明胶的透明度和存水性比较好，所以外观比较好看。

适用甜品 芒果布丁（p172）
酸奶慕斯（p180）

琼脂

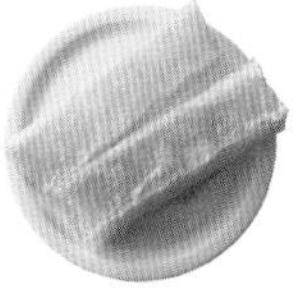

石花菜属及江蓠属等的藻类煮后凝固，然后冻结使其干燥，经过这些复杂工序制成的胶产品。

[特点]

含有丰富的膳食纤维、不含热量。琼脂最有用的特性是它的凝固点和熔点之间相差极大。它在水中需加热至95℃时才开始溶化，溶化后的液体温度需降到40℃时才开始凝固。有棒状、线状、粉状琼脂，经常用于日式甜品的制作。

明胶和琼脂的区别

明胶是一种从动物的骨头或结缔组织中提炼出来的、带浅黄色的透明胶质，口感极好。而琼脂是植物性的，颜色发白，略显混浊、不透明，没有弹性，口感光滑。

干果

洋李　　　　　杏

葡萄干　　　　无花果

干果,就是果实成熟时果肉成为干燥状态的果子或者糖腌制而成的果子。

【特点】

保存时间久,口味和新鲜的果实不同。通过使其干燥,果实的甜味、酸味、营养成分得以浓缩。

适用甜品　奶油葡萄干夹心饼干(p46)
白巧克力棒(p166)

使用须知

最后加入食材当中

因为干果含有糖分,为了不使糖分渗透到食材当中,所以最后加入干果。另外在干果上涂抹少量的粉类,可以和其他食材混合得更加均匀。

坚果

杏仁　　　　　核桃

杏仁粉　　　　椰子丝

坚果有很多种,有炒的、油炸的,还有通过干燥加工而成的。

【特点】

使用坚果能提升甜品的香味、口感等。切碎混合多用于烘烤类甜品。制作甜品时一般使用原味的坚果。

使用须知

使用时切碎坚果

和食材进行混合时,一般坚果需要切碎。但是作为装饰时,可以完整使用,显得更有存在感。

坚果粉和粉类一起使用

杏仁粉等坚果粉和食材进行混合时,容易形成面疙瘩。所以筛低筋粉等粉类进行混合时,一定要特别注意。

适用甜品　罗氏巧克力(p112)
巴旦木派(p126)

甜品的制作模具

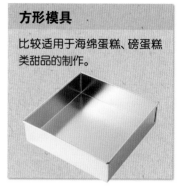
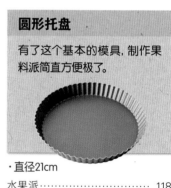

制作甜品不一定都使用模具，但是有了各种各样的模具，制作起来会更加方便。而且有的模具有多种用途，提前了解一下比较好。

派类甜品用小盘

可使用一次性的铝箔纸。

· 直径21cm

苹果派……………………… 130

玛芬模具

一般这个模具一次可以做6个。也可使用制作玛芬的杯子来代替。

· 直径6cm

蓝莓玛芬……………………… 82

菠菜乳酪玛芬………………… 84

布丁模具

比较适用于果冻、慕斯等凉甜品的制作。

· 180mL

蛋奶布丁……………………… 48

· 150mL

南瓜布丁……………………… 51

· 80mL

巧克力软糖蛋糕……………… 146

焙盘模具

尺寸比较方便使用。当然耐热的容器也可使用。

· 100mL

焦糖蛋奶……………………… 174

· 80mL

巧克力慕斯…………………… 164

戚风蛋糕模具

戚风蛋糕类专用模具，也可用于制作面包类。

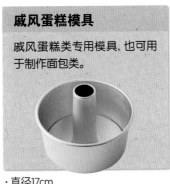

· 直径17cm

戚风蛋糕……………………… 28

大理石戚风蛋糕……………… 32

费南雪模具

该模具也可用于松糕的烘烤制作。另外也可用铝制纸杯代替来烘烤。

费南雪………………………… 94

贝壳蛋糕模具

贝壳蛋糕专用模具。如没有，可用铝制纸杯代替来烘烤制作。

小贝壳（玛德琳蛋糕）………… 90

抹茶小贝壳（抹茶玛德琳）…… 92

圆形无底模具

模具比较简单，就是一个圆筒，所以直径相同的玻璃杯也可当作模具使用。

· 直径5.5cm

司康饼………………………… 78

· 直径5cm

布列塔尼小酥饼……………… 74

饼干模具

有各种形状、大小的饼干模具。如直径相同，也可用其他模具代替。

玉子豆腐模具

适用于果冻、慕斯等硬一点的甜品的制作。也可使用相同尺寸的托盘。

唐纳滋模具

如没有这种模具，也可使用中间有个圆柱、四周是圆形的模具代替。

使用容器可制作的甜品

玻璃杯、小碗

也可制作果冻、慕斯等凉甜品。可选择自己喜欢的容器。

没有模具也可制作的甜品

甜品制作用语

这里收集了甜品制作的各种专门用语。

散热
加热或刚烘烤过的甜品，不能直接用手触摸，使其凉凉的过程就是散热。

和面
把低筋粉和泡打粉加入食材当中一起和。

干面粉
为避免粘手，在面案和擀面杖上撒的面粉。可用低筋粉或高筋粉。

竖着搅拌
用橡皮刮刀竖着搅拌，像刀切一样地搅拌。这样为了不使食材产生弹性。

冰水冷却
把盛有鲜奶油的小盆，放在盛有冰水的小盆里。鲜奶油打发或者需要快速散热时使用这种方法。

过滤
通过使用万能滤网或者茶滤，使食材变得细腻光滑。

快速混合
不破坏泡沫的形状，或者使食材不产生弹性的一种混合方法。用橡皮刮刀或木铲子从小盆底部往上翻着搅拌混合。

放至室温
把黄油或鸡蛋从冰箱里拿出，恢复到室温：18～20℃。这样黄油使用起来比较柔软，鸡蛋更容易打发。

翻拌
用橡皮刮刀或木铲子像是在研钵里研磨一样混合。用于混合砂糖或黄油等难以混合的食材。

面疙瘩
指的是小麦面粉等粉类和其他食材混合时，混合不好的话，容易残留的结块。

打发光滑
鲜奶油或蛋白霜用手动打蛋器打发时，提起来，当出现了短尖且不会弯曲时，就打发好了。

融合
所有的食材均匀混合的状态。

涂抹覆盖
用奶油或巧克力涂抹到甜品上。

打孔
用叉子或凹凸滚轴在食材上打孔。这样派类食材就不会过度膨松。

人体温度
和人的体温差不多的36～37℃，用手指触摸一下稍微有点温温的感觉。

馅料
派类里面放的食材。

浸泡
把明胶等放入水中，使其膨胀。

过筛
把低筋粉等粉类通过面粉筛子。面粉里含有空气，和其他食材比较容易混合。

和面团
把食材和成团。

蛋白霜
把蛋白和砂糖充分打发后的成品。

冷藏
食材做好后，暂时放置。一般多是放到冰箱里。

隔水加热
指的是将装有食材的盆放入热水中，间接加热。

Hajimetedemo Oishikudekiru! Kihon no Okasi 87sen
©Food Studio 2012
Originally published in Japan in 2012 by SEITO-SHA CO.,LTD
Chinese（Simplified Character only）translation rights arranged through
TOHAN CORPORATION, TOKYO.

著作权合同登记号：图字16—2014—078

图书在版编目（CIP）数据

烘焙新手必备的甜品制作教科书/日本食之创作室编;
陈亚敏，柳珂译. —郑州：河南科学技术出版社, 2015.3
ISBN 978-7-5349-7626-1

Ⅰ.①烘… Ⅱ.①日… ②陈… ③柳… Ⅲ.①甜食—制作
Ⅳ.①TS972.134

中国版本图书馆CIP数据核字（2015）第010771号

出版发行：河南科学技术出版社
　　　　　地址：郑州市经五路66号　　邮编：450002
　　　　　电话：（0371）65737028　　65788613
　　　　　网址：www.hnstp.cn
策划编辑：刘　欣
责任编辑：葛鹏程
责任校对：柯　姣
封面设计：杨红科
责任印制：张艳芳
印　　刷：北京盛通印刷股份有限公司
经　　销：全国新华书店
幅面尺寸：190 mm×255 mm　　印张：14　　字数：300千字
版　　次：2015年3月第1版　　2015年3月第1次印刷
定　　价：59.00元